科普图书馆

"科学就在你身边"系列

从宏观迈向微观的"使者"

——显微镜

总 主 编 杨广军

副总主编 朱焯炜 章振华 张兴娟 胡 俊 黄晓春 徐永存

本册主编 戚瑶瑶

本册副主编 李丕荣

上海科学普及出版社

图书在版编目（CIP）数据

从宏观迈向微观的“使者”：显微镜 / 杨广军主编.
-- 上海：上海科学普及出版社，2014(2018.4 重印)
(科学就在你身边)
ISBN 978-7-5427-5805-7

Ⅰ.①从… Ⅱ.①杨… Ⅲ.①显微镜–普及读物
Ⅳ.①TH742-49

中国版本图书馆 CIP 数据核字(2013)第 108846 号

组　　稿　胡名正　徐丽萍
责任编辑　徐丽萍
统　　筹　刘湘雯

“科学就在你身边”系列
从宏观迈向微观的“使者”
——显微镜
总主编　杨广军
副总主编　朱焯炜　章振华　张兴娟
胡　俊　黄晓春　徐永存
本册主编　戚瑶瑶
本册副主编　李丕荣
上海科学普及出版社出版发行
(上海中山北路 832 号　邮政编码 200070)
http://www.pspsh.com

各地新华书店经销　北京昌平新兴胶印厂
开本 787×1092　1/16　印张 13　字数 200 000
2014 年 1 月第 1 版　　2018 年 4 月第 2 次印刷

ISBN 978-7-5427-5805-7　　定价：25.80 元

卷首语

眺望夏天晚上满天的星斗，你是多么想洞察这漫无边际的宇宙！对于物体的碎屑，你又是多么想看到它到底可以“碎”到什么程度！人类对于自然界的奥秘总是那么好奇。随着人类科学文化的进步和技术的提高，我们已经配备了望远镜，使我们能看到更遥远的星球。现在我们所拥有的已经不是传说中二郎神的“千里眼”，而是“万里眼”，“亿里眼”，甚至“光年眼”。当然人们借助于显微镜，也胜过了孙悟空的“火眼金睛”，使我们能够细微地观察到物质内部的微观世界了。“麻雀虽小，五脏俱全”，通过显微镜，我们不仅了解到各种物质内部“五脏六腑”的数量，同时还能细致地观察到这些“微小百姓”容貌的“美丑”，体形的“胖瘦”，安身的“住处”等。

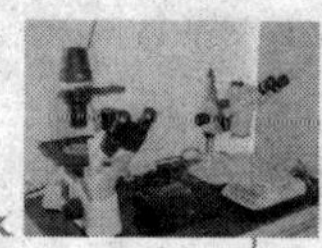

目　录

成长日记——显微镜发展历史

小小放大器——光学显微镜

镜

从宏观迈向微观的“使者”

神奇大变化——电子显微镜

看看我的作用吧——显微镜对科学发展的贡献

成长日记

——显微镜发展历史

光学是研究光波传播规律的科学，而显微镜是在对光学的研究基础上发展起来的。我国春秋时的《墨经》和古希腊学者欧几里德的《反射光学》都对光学的研究有所记载，后来经过伽利略、牛顿、惠更斯、菲涅耳、麦克斯韦、爱因斯坦等科学家的努力，光学已发展成为物理学中一门极为重要的基础学科，形成了严格的数学理论方法及实验方法。光学研究的一个分支便是光学仪器——显微镜。显微镜是微观研究领域的科技工作者观察了解微观世界所必需的科学研究工具。

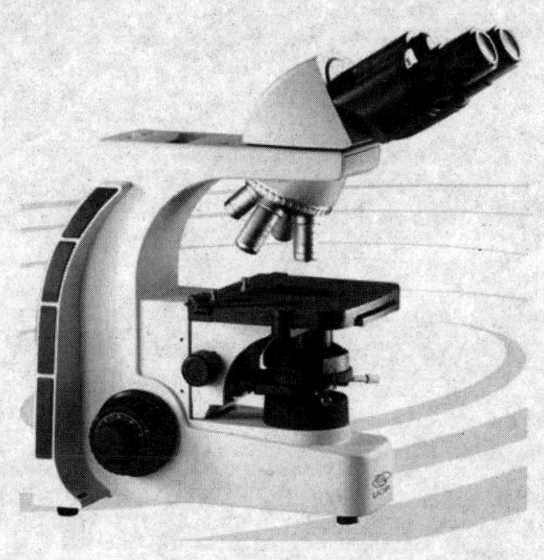

偶然中的必然
——历史上第一台显微镜的发明

◆詹森父子制造的第一台显微镜

早在公元前1世纪，人们就已发现通过球形透明物体去观察微小物体时，可以使其放大成像。后来逐渐对球形玻璃表面能使物体放大成像的规律有了认识。

在显微镜发明以前，人们对客观事物的认识受到眼睛视力的局限性，观察结果往往离客观实际较远。例如，当人们还未充分认识到细菌等这类“小冤家”是致病因素，无法圆满地解释致病原因时，就很容易接受疾病是“神”和“上帝”的惩罚等唯心主义思想。只有在显微镜发明之后，这个谜才被揭开了。

那么，显微镜是谁发明的呢？让我们顺着历史的脚步，在科学史的画卷中，进行一番考证吧。提起显微镜的发明，那可是怪有趣味的！

偶然的发现

原来，显微镜是16世纪末叶，荷兰密得尔堡一个眼镜店的老板詹森和他的父亲罕斯发明的。细说起来，詹森父子发明显微镜，还带有一定的偶然性呢！

事情的经过是这样的：1590年，一个晴朗无风的早晨，詹森在楼顶上闲玩。无意中，他把两片凸玻璃片装到一个金属管子里，并用这个管子去看街道上的建筑物，奇怪的事情发生了，教堂高塔上大公鸡的雕塑比原来大了好几倍，这个意外的发现，使詹森兴奋起来，他高兴地跑下楼去，把父亲也拉上楼来观看，一起和他分享这种新发现带来的喜悦。当然这个显微镜的制作水平还是很低的。

小知识

光学显微镜主要由目镜、物镜、载物台和反光镜组成。目镜和物镜都是凸透镜，焦距不同。物镜相当于投影仪的镜头，物体通过物镜成倒立、放大的实像。目镜相当于普通的放大镜，该实像又通过目镜成正立、放大的虚像。反光镜用来反射，照亮被观察的物体。

深深的思考

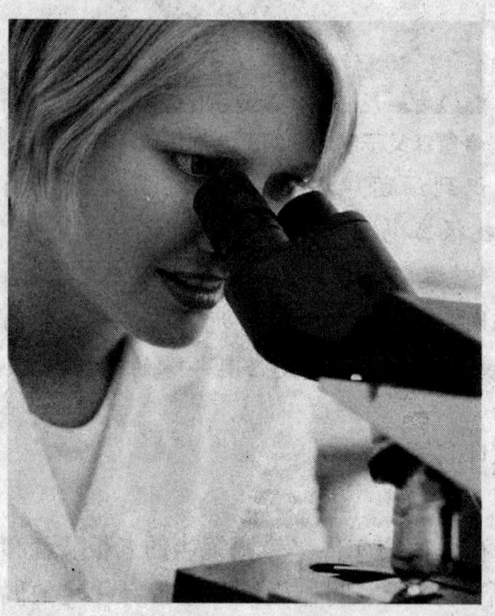

◆医学科学院的工作人员利用显微镜进行研究

当然，像他们这种偶然性的发现代替不了科学上的发明。但是值得强调的是，詹森父子俩的修养起了决定作用，他们抓住这个偶然的发现，认真思索，反复实践，用大大小小的凸玻璃片做各种距离不等的配合，终于发明了世界上第一台显微镜。詹森虽然是发明显微镜的第一人，却并没有发现显微镜的真正价值。也许正是因为这个原因，詹森的发明并没有引起世人的重视。

当然，这台显微镜只能称为显微镜家族中的“始祖”，无论是放大倍数，还是分辨能力都是相当低的。后来，又经过了许多科技工作者不断的改进，才使得显微镜成为今天这个样子。

1. 在显微镜发明出来之前，人们有哪些方法观察微小物体呢？
2. 显微镜可以分为哪些种类？
3. 显微镜的发明对科学有哪些贡献？

显微镜的弟弟
——伽利略望远镜

◆伽利略望远镜

提起望远镜，你想到的第一个人是谁呢？对，就是伽利略。我们知道，伽利略的一生坎坷而富于传奇色彩，在比萨斜塔上进行的"两个小球同时落地"的实验让他的名声传遍了世界。但是伽利略在比萨斜塔做实验的说法后来被严谨的考证否定了。尽管如此，来自世界各地的人们都要前往参观，他们把这座古塔看作伽利略的纪念碑。当然，伽利略利用自己研制的望远镜观察天空，得到了一系列重要的发现，也成就了天文学史上辉煌业绩。相比之下，知道伽利略与显微镜故事的人就少得多了。

那么，就让我们回顾伽利略与望远镜的辉煌历史，寻找一下这个辉煌的背后，伽利略和显微镜究竟有着怎样的联系呢？

伽利略童年、少年时期

1564 年 2 月 15 日，伽利略·伽利雷出生在意大利西海岸比萨城一个破落的贵族之家。他的祖先是佛罗伦萨很有名望的医生，但是到了他的父亲伽利略·凡山杜这一代，家境日渐败落。小伽利略是凡山杜的长子，父亲对儿子寄予了很大的希望。他发现，小伽利略非常聪明，从小对什么事物都充满强烈的好奇心，不仅如此，这个孩子心灵手巧，他似乎永远都闲不住，不是画画，就是弹琴，而且时常给弟弟妹妹们做许多灵巧的机动玩具。17 岁那

年，伽利略进了著名的比萨大学，按照父亲的意愿，他当了医科学生。不过，伽利略的兴趣并不在医学上，他孜孜不倦地学习数学、物理学等自然科学，并且以怀疑的眼光看待那些自古以来被人们奉为经典的学说。

名人介绍——伽利略·伽利雷

伽利略（Galileo Galilei，1564～1642 年），意大利著名数学家，物理学家、天文学家、哲学家，近代实验科学的先驱者。

伽利略发明望远镜

伽利略在帕多瓦大学工作的 18 年间，最初把主要精力放在他一直感兴趣的力学研究方面，他发现了物理上重要的现象——物体运动的惯性；做过有名的斜面实验，总结了物体下落的距离与所经过的时间之间的数量关系；他还研究了炮弹的运动，奠定了抛物线理论的基础；关于加速度这个概念，也是他第一个明确提出的。甚至为了测量病人发热时体温的升高，这位著名的物理学家还在 1593 年发明了第一支空气温度计。但是，一个偶然的事件，使伽利略改变了研究方向，将他从力学和物理学的研究转向了无边无际的茫茫太空。

◆比萨斜塔

你知道吗?

牛顿第一定律:任何物体在不受任何外力的作用下,总保持匀速直线运动状态或静止状态,直到有外力迫使它改变这种状态为止。由于物体保持运动状态不变的特性称为惯性,所以牛顿第一定律也叫惯性定律。

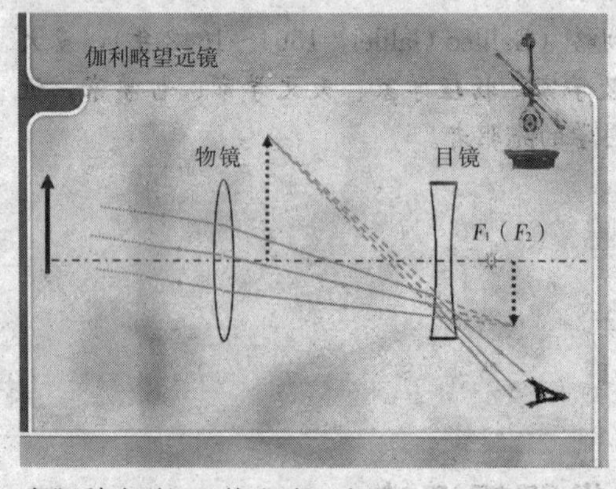

◆伽利略型望远镜光路示意图

那是1604年的冬天,在南方的天空突然出现一颗异常明亮的星星,这颗宇宙的不速之客吸引着许多人的注意,而后又在第二年的秋天神秘地消失。人们不禁提出一连串的疑问,这是一颗什么样的星星?它从哪里来,又到哪里去?夜空中的点点繁星究竟是按照怎样的规律运动的?但是,所有这些问题,谁也说不清楚。

伽利略每天晚上都在观察着那颗神秘的星辰,只要天气晴朗,他是决不放过这千载难逢的机会的。他的脑海也不断浮现出许许多多问题,他越来越感到,人类对宇宙的秘密了解得太少了。

但是,光凭肉眼观察毕竟是有限的,当时还没有发明望远镜。伽利略一直在想,能不能想办法使人的观察力更加敏锐,更加宽阔,可以看清遥远的星星呢?

转眼到了1609年6月,伽利略听到一个消息,说是荷兰有个眼镜商人詹森在一偶尔的发现中,用一种镜片看见了远处肉眼看不清楚的东西。“这难道不正是我需要的千里眼吗?”伽利略非常高兴。不久,伽利略的一个学生从巴黎来信,进一步证实这个消息的准确性,信中说尽管不知道詹森是怎样做的,但是这个眼镜商人肯定是制造了一个镜管,用它可以使物体放大许多倍。

“镜管!”伽利略把来信翻来覆去看了好几遍,急忙跑进他的实验室。

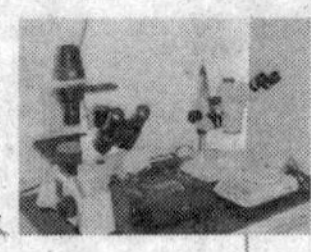

◆伽利略制造的望远镜

◆伽利略是第一个用望远镜系统进行天文观察的人

他找来纸和鹅管笔，开始画出一张又一张透镜成像的示意图。伽利略由镜管这个提示受到启发，看来镜管能够放大物体的秘密在于选择怎样的透镜，特别是凸透镜和凹透镜如何搭配。他找来有关透镜的资料，不停地进行计算，忘记了暮色爬上窗户，也忘记了曙光是怎样射进房间。

整整一个通宵，伽利略终于明白，把凸透镜和凹透镜放在一个适当的距离，就像那个荷兰人看见的那样，遥远的肉眼看不见的物体经过放大也能看清了。

伽利略非常高兴，他顾不上休息，立即动手磨制镜片，这是一项很费时间又要很细心的活儿。他一连干了好几天，终于磨制出一对对凸透镜和凹透镜，然后又制作了一个精巧的可以滑动的双层金属管。现在，该试验一下他的发明了。

伽利略小心翼翼地把一片大一点的凸透镜安在管子的一端，另一端安上一片小一点的凹透镜，然后把管子对着窗外。当他从凹透镜的一端望去时，奇迹出现了，那远处的教堂仿佛近在眼前，可以清晰地看见钟楼上的十字架，甚至连一只在十字架上落脚的鸽子也看得非常清晰。

伽利略制作望远镜

◆伽利略通过望远镜发现月球表面坑坑洼洼

伽利略制成望远镜的消息马上传开了。“我制成望远镜的消息传到威尼斯”，在一封写给妹夫的信里，伽利略写道，“一星期之后，就命我把望远镜呈献给议长和议员们观看，他们感到非常惊奇。绅士和议员们，虽然年纪很大了，但都按次序登上威尼斯的最高钟楼，眺望远在港外的船只，看得都很清楚；如果没有我的望远镜，就是眺望 2 个小时，也看不见。这仪器的效用可使 50 千米以外的物体，看起来就像在 5 千米以内那样。”

伽利略发明的望远镜，经过不断改进，放大率提高到 30 倍以上，能把实物放大 1000 倍。现在，他犹如有了千里眼，可以窥探宇宙的秘密了。

这是天文学研究中具有划时代意义的一次革命，几千年来天文学家单靠肉眼观察日月星辰的时代结束了，取而代之的是光学望远镜，有了这种有力的武器，近代天文学的大门被打开了。

伽利略在天文学上的成就

从此，每当星光灿烂或是皓月当空的夜晚，伽利略便把他的望远镜瞄准深邃遥远的苍穹，不顾疲劳和寒冷，夜复一夜地观察着。

过去，人们一直以为月亮是个光滑的天体，像太阳一样自身发光。但是伽利略透过望远镜发现，月亮和我们生存的地球一样，有高峻的山脉，也有低凹的洼地（当时伽利略称它是“海”）。他还从月亮上亮的和暗的部

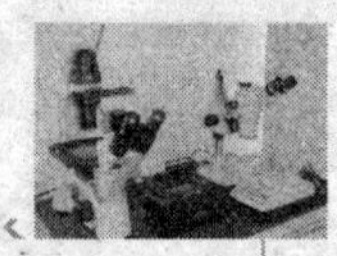

分的移动，发现了月亮自身并不能发光，月亮的光是从太阳那里得来的。

伽利略又把望远镜对准横贯天穹的银河，以前人们一直认为银河是地球上的水蒸气凝成的白雾，亚里士多德就是这样认为的。伽利略决定用望远镜检验这一说法是否正确。他用望远镜对准夜空中雾蒙蒙的光带，不禁大吃一惊，原来那根本不是云雾，而是千千万万颗星星聚集一起。伽利略还观察了天空中的斑斑云彩——即通常所说的星团，发现星团也是很多星体聚集在一起的。

◆伽利略发现银河由许多星星组成

伽利略的望远镜揭开了一个又一个宇宙的秘密，他发现了木星周围环绕着它运动的卫星，还计算了它们的运行周期。现在我们知道，木星共有 16 颗卫星，伽利略所发现的是其中最大的四颗。除此之外，伽利略还用望远镜观察到太阳的黑子，他通过黑子的移动现象推断，太阳也是在转动的。

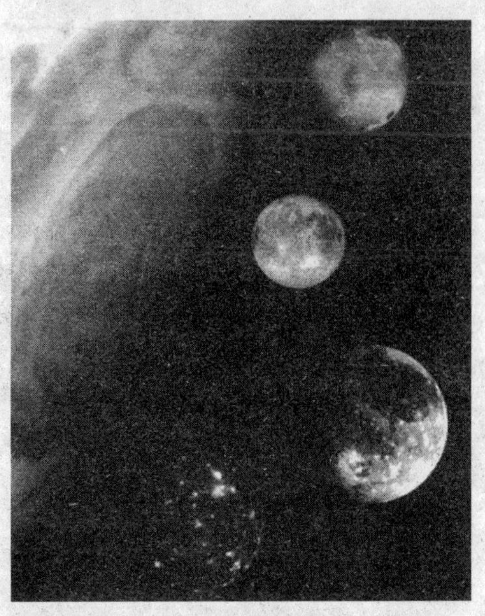

◆伽利略发现的四颗木星卫星

一个又一个振奋人心的发现，促使伽利略要动笔写一本最新的天文学发现的书，他要向全世界公布他的观测结果。1910 年 3 月，伽利略的著作《星际使者》（Starry Messenger）在威尼斯出版，立即在欧洲引起轰动。

小贴士——望远镜带来的启发

其实，追溯望远镜的历史，我们可以发现，伽利略是最早利用望远镜进行天文学研究，并且取得了许多成就。伽利略发明望远镜恰恰是因为受到了荷兰眼镜制造商詹森父子制造显微镜的启发。其实生活中有很多科学的知识，我们要多注意生活中的一些现象，多观察，多思考，就会发现，科学其实就在我们身边。从对身边小小的一个现象，不断地思考，不断地探究，也许你会得到许多意想不到的收获。

拓展思考

1. 望远镜的发展经历了哪些阶段？
2. 你能说出 3 种以上不同望远镜的名称吗？
3. 联想在你学习生活中，望远镜有哪些用途呢？

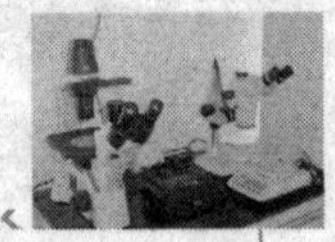

走进细胞
——胡克与显微镜

你知道“cell”一词是谁首先使用的吗？又是谁首次观察到细胞呢？告诉大家，他就是17世纪英国科学家罗伯特·胡克（Hooke）。胡克的一生很平凡，似乎人们只记得胡克定律和他创造“cell”一词，别无其他。相比之下，知道胡克其他方面造诣的人就少之甚少。

现在，就让我们一起回溯胡克显微镜下的神秘世界，以及这位兢兢业业地工作，只求付出，不求回报的科学家究竟还有其他哪些方面的造诣？

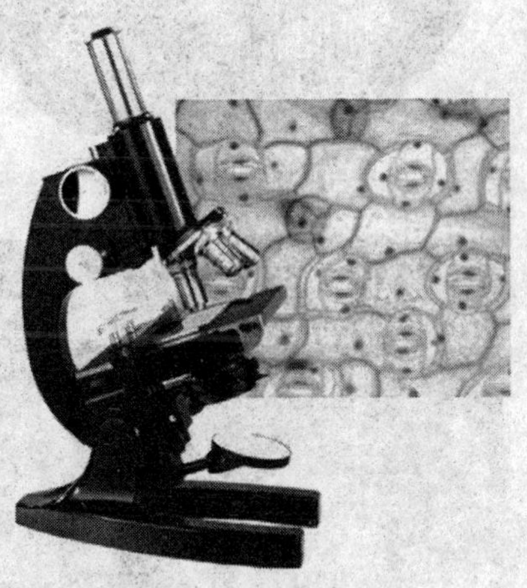

◆显微镜和观察到的细胞

胡克发现“细胞”

罗伯特·胡克作为一位物理学家，最著名的事迹就是他对弹性的研究和他跟牛顿的辩论，同时，他也以生物学家闻名于世。他对昆虫的显微镜研究相当深入，1665年他用自己设计并制造的显微镜（放大倍数为40～140倍）观察了软木（栎树皮）的薄片，第一次描述了植物细胞的构造，并首次用拉丁文cell（小室）这个词来称呼他所看到的类似蜂巢的极小的封闭状小室。胡克的这一发现，引起了人们对细胞学的研究。现在我们知道，一切生物都是由无数的细胞所组成的。胡克对细胞学的发展作出了极大的贡献。胡克所发现的细胞，并不是活的细胞，实际上只是软木组织中一些死细胞留下的空腔，是没有生命的细胞壁。尽管如此，胡克的发现引导后人对细胞继续研究，建立了细胞学说，使生物学从宏观深入到微观，

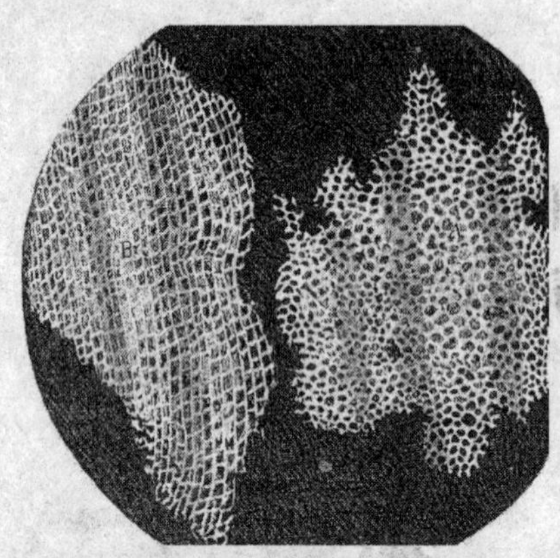

◆胡克观察到的纤维质的细胞壁

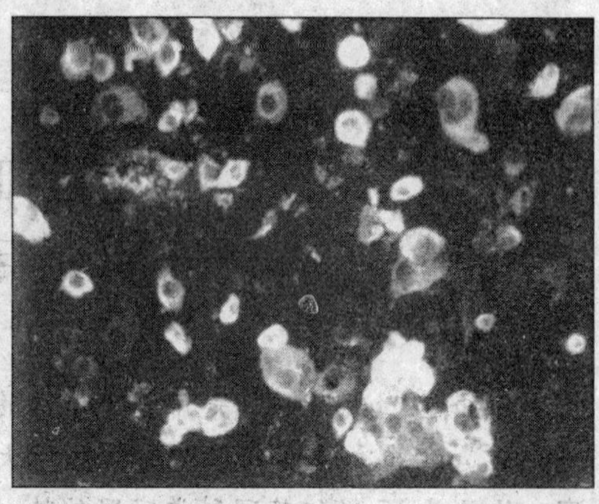

◆显微镜下观察到的细胞

◆胡克制造的显微镜

从形态结构的研究深入到细微结构的研究。他所提出的“细胞”这个名称一直沿用至今，成了表述生命基本结构的专有名词。他在许多植物中观察到了类似的结构，认为“细胞”也许可以充当经过植物体内携带流体的通道，就如同动物体内动脉与静脉提供血液流动的管道一样。

左图是罗伯特·胡克的显微镜。它有一根内装透镜的简易皮管，安放在一个可调整的架子上。灌满水的玻璃球用来把光聚焦到物体上。

胡克定律及胡克其他方面的造诣

> 胡克定律：在弹性限度内，物体的形变跟引起形变的外力成正比。

罗伯特·胡克的贡献是多方面的。他以惊人的动手技巧和创造能力对当时的天文学、物理学、生物学、化学、气象学、钟表和机械、生理学等学科都作出过重要贡献，同时在艺

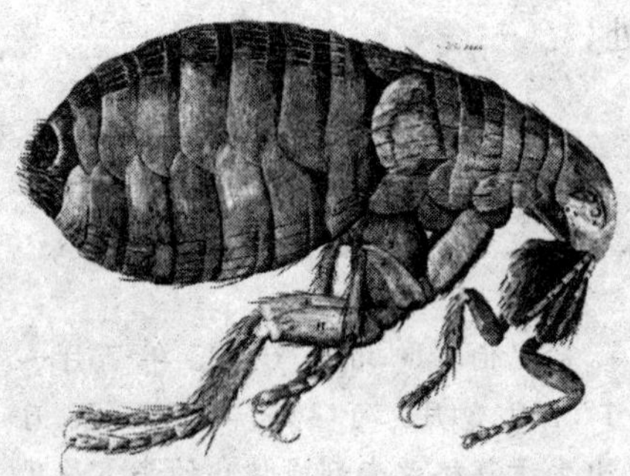

◆罗伯特·胡克的著名绘图之一：跳蚤

术、音乐和建筑方面也颇有建树。他提出了著名的胡克定律。1655年，胡克被推荐给英国科学家罗伯特·波义耳当助手，在波义耳的实验室工作。胡克对波义耳研究用的空气泵进行了改进，这样波义耳才得以成功。1662年波义耳发表的关于空气压力的波义耳定律中凝集着胡克的智慧。此外，他还参与了改进复式显微镜，设计格林尼治皇家天文台以及为纪念1666年伦敦大火而建的纪念碑等工作。

胡克的《显微术》

然而，奠定胡克科学天才声望的《显微术》一书，出版于1665年，内有不少精确而美丽的素描，描绘了一些鲜为人知的显微镜观察结果，共57幅——大部分是胡克本人所作，也可能有一部分出自著名建筑师克里斯托弗·雷恩之手——这些图中有不少奇迹，例如苍蝇的眼睛、蜜蜂刺器官的形状、跳蚤和虱子的解剖图、羽毛的结构以及真菌的形成。《显微术》还包括了胡克的化石理论（当时颇有争议，但是后来证明是对的）和他对光和颜色的详细理论。

科学研究上的缺憾

胡克热爱科学事业，并为此奉献了一生。他研究的领域十分广泛，如建筑、化石、气象等，他都有所涉猎和贡献。但作为科学家，胡克还缺少熟练雄厚的数学与逻辑推理功力作为进行研究和思维的武器，这样便不容易从理论和实践的结合上透彻地分析与解决问题。这

◆英国皇家学会

也是胡克与牛顿、惠更斯相比的逊色之处。

名人介绍——罗伯特·胡克

◆罗伯特·胡克

◆探究实验室

罗伯特·胡克（1635 年 7 月～1703 年 3 月）于 1635 年 7 月 18 日出生于英格兰南部威特岛的弗雷施瓦特。父亲是当地的教区牧师。胡克从小体弱多病，性格怪僻但却心灵手巧，酷爱摆弄机械，自制过木钟、可以开炮的小战舰等。10 岁时，胡克对机械学发生了强烈的兴趣，并为日后在实验物理学方面的发展打下了良好的基础。1648 年，胡克的父亲逝世后，家道中落。13 岁的胡克被送到伦敦一个油画匠家里当学徒，后来担任过教堂唱诗班的领唱，还当过富豪的侍从。在威斯特敏斯特学校校长的热心帮助下，胡克修完了中学课程。1653 年，胡克进入牛津大学里奥尔学院作为工读生学习。在这里，他结识了一些颇有才华的科学界人士。这些人后来大都成为英国皇家学会的骨干。此时的胡克热心于参加医生和学者活动小组，并且显露出独特的实验才能。1655 年胡克成为牛津大学威力斯（1621～1675 年，英国医学家、脑及神经科专家）的助手，还被推荐到波义耳的实验室工作。由于他的实验才能，1662 年被任命为皇家学会的实验主持人，为每次聚会安排三四个实验，1663 年获硕士学位，同年被选为皇家学会正式会

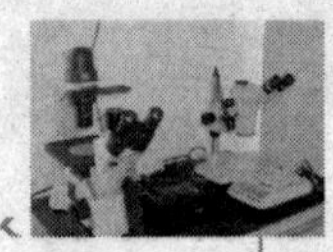

员，又兼任了学会陈列室管理员和图书管理员。1665 年，胡克担任格列夏姆学院几何学、地质学教授，并从事天文观测工作。1666 年伦敦大火后，他担任测量员以及伦敦市政检查官，参加了伦敦重建工作。1677 年～1683 年就任英国皇家学会秘书并负责出版会刊。学会的工作条件使他在当时自然科学的前沿（如机械仪器改制、弹性、重力、光学，乃至生物、建筑、化学、地质等方面）作出了自己的贡献。1676 年，胡克发表了著名的弹性定律。1703 年 3 月 3 日，胡克逝世于伦敦，终年 68 岁。

胡克虽没有取得过很高的学历，没有显赫的地位，但在长期的实验研究中获得丰厚的回报，使我们更加清楚地认识到只要兢兢业业地工作，不论职业好坏，地位高低，均能取得优异成绩，三百六十行，行行出状元。

广角镜

胡克的经历还提醒我们，知识是重要的，正是因为他的知识根基不深，使得他不能更加深入地研究，胡克在力学方面的工作充分说明了这一点。但胡克对科学的贡献是巨大的，他不愧为一位伟大的物理学家和生物学家。他在力学、光学、天文学等诸多方面都有重大成就，他所设计和发明的科学仪器在当时是无与伦比的，他本人被誉为是英国皇家学会的“双眼和双手”。

拓展思考

1. 胡克显微镜的制造原理是什么？
2. 胡克定律在生活中有哪些应用？
3. 我们从哪些方面可以知道胡克是卓越的仪器制造家？
4. 胡克为什么没有爱因斯坦、牛顿等科学家那么闻名于世？

显微镜之父——列文虎克

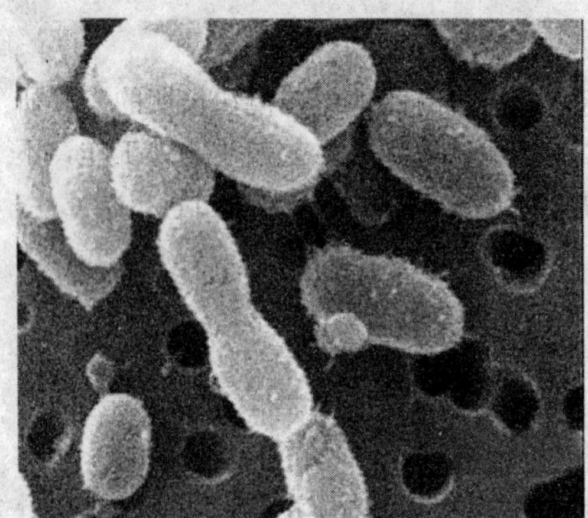

◆显微镜下的细菌

我们知道，显微镜可以将很小的物体放大几十倍、几百倍甚至几千几万倍。那么，在17世纪，又是谁通过显微镜第一次把“细菌”活生生地展现在人们面前呢？他，就是列文虎克。列文虎克通过自制“魔镜”的放大，跳蚤形同满身披甲的武士俑，毛毛虫身上的细毛比人的眉毛还粗，在小蝌蚪的尾巴里，列文虎克还看到了血管及血管里运动的红细胞，在路边的污水和人的唾液里，他还看到了各种各样的像小蛇一样用优美的弯曲姿势运动的“小家伙”——直到200年之后，人们才认识了它们——无处不在的细菌。这些致命的“小冤家”第一次在人们眼前露出它们的“庐山真面目”。

那么，列文虎克是如何发现这么微小生物的呢？他自制的显微镜为什么能发现在当时看来根本“不存在”的东西呢？本节将还原历史，为大家“放映”列文虎克与显微镜的“秘密”。

好学的列文虎克

距荷兰詹森父子发明显微镜大概70年后，显微镜又被荷兰人列文虎克研究成功了，并且开始真正地用于科学研究试验。关于列文虎克发明显微镜的过程，和詹森父子一样，也是充满偶然性的。

◆列文虎克

列文虎克于1632年出生在荷兰代尔夫特市的一个酿酒工人家庭。他父亲去世很早，在母亲的抚养下，读了几年书。16岁即外出谋生，过着飘泊苦难的生活。后来返回家乡，才在代尔夫特市政厅当了一位看门人。他从没接受过正规的科学训练，但他是一个对新奇事物充满强烈兴趣的人。由于看门工作比较轻松，时间宽裕，而且接触的人也很多，因而，在一个偶然的机会里，他从一位朋友那里得知，荷兰的最大城市阿姆斯特丹有许多眼镜店，除磨制镜片外，也磨制放大镜，用放大镜可以把肉眼看不清的东西看得很清楚。

他对这个神奇的放大镜充满了好奇心，于是，他想去买一个放大镜来试试。可是，当他到眼镜店一问，因为价格太高而买不起，他只好高兴而去，扫兴而归了。从此，他经常出入眼镜店，认真观察磨制镜片的工作，暗暗地学习着磨制镜片的技术。

列文虎克除懂荷兰文之外，其他文字一窍不通。尤其一些科学技术的著作都以拉丁文为主，所以，列文虎克没法阅读这些参考资料，他只能自己摸索着。从某种意义上说，这倒不失为一件好事，这样他可以免受前人的一些教条的束缚。在他的同代人当中，不少人因为前人教条的禁锢而举步不前。

名人介绍——列文虎克

列文虎克，英文名 Antonievan Leeuwenhoek（1632年10月～1723年8月），荷兰显微镜学家、微生物学的开拓者。

由于勤奋及特有的天赋，他磨制的透镜远远超过同时代人。他对于在放大透镜下所展示的显微世界非常有兴趣，观察的对象非常广泛，有晶体、矿物、植物、动物、微生物、污水等。他是第一个用放大透镜看到细菌和原生动物的人。尽管他缺少正规的科学训练，但他对肉眼看不到的微小世界的细致观察、精确描述和众多的惊人发现，对18世纪和19世纪初期细菌学和原生动物学研究的发展起了奠基作用。他根据简单显微镜所绘制的微生物图像，今天看来依然是正确的。

伟大的成功

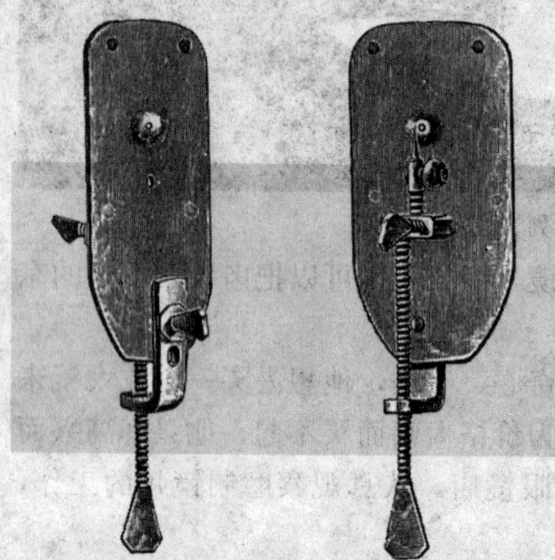

◆列文虎克发明的显微镜

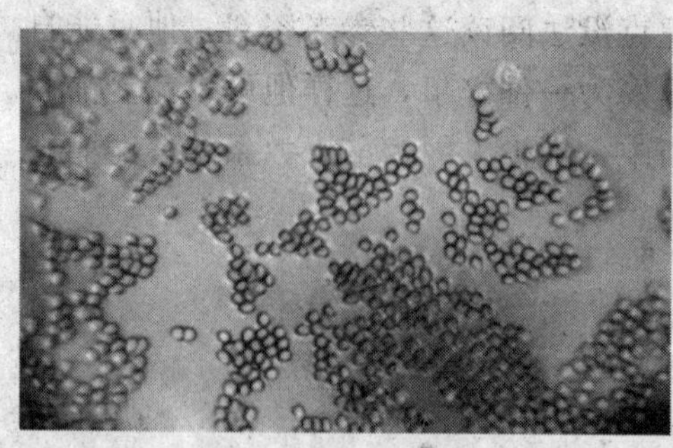

◆用列文虎克制作的显微镜观察到的人血涂片

功夫不负有心人。1665年，列文虎克终于制成了一块直径只有0.3厘米的小透镜。他几乎不敢相信自己的眼睛，在他的镜片下，鸡毛的绒毛变得像树枝一样粗，跳蚤和蚂蚁的腿变得粗壮而强健。但由于实在太小了，他经过反复琢磨，又在透镜的下边装了一块铜板，上面钻了一个小孔，以使光线从这里射进而反照出所观察的东西来。这就是列文虎克所制作的第一架显微镜，它的放大能力相当大，竟超过了当时世界上所有的显微镜。

列文虎克并没有就此止步，他继续下功夫改进显微镜，进一步提高其性能，以便更好地去观察了解神秘的微观世界。为此，他毅然辞了公职，并把家中的一间空房改作了自己的实验室。

几年后，他终于制出了能把物体放大300倍的显微镜。

列文虎克显微观察中的一个重要的贡献就是进一步证实了毛细血管的存在。他相继在鱼、蛙、人、哺乳动物及一些无脊椎动物体中观察到毛细血管。列文虎克在观察毛细血管中的血液回圈时，还发现了血液中的红细胞，成为第一个看见并描述红细胞的人。

雨水里的秘密

1675年的一天，天空忽然下起了滂沱大雨，狭小的实验室又黑又闷，列文虎克无法再观察显微镜，便站在屋檐下的窗口，眺望从天飞落的雨水。忽然，他萌生了一个念头：用显微镜来看看雨水里有什么东西。于是，他跑到屋檐边上，用吸管在水塘里取了一管雨水，滴了一滴在显微镜下，进行观察。“雨水怎么会活？”列文虎克不禁大叫起来。原来，他看到雨水里有无数奇形怪状的小东西在蠕动。他认为是自己眼睛过于疲劳而造成的错觉，便揉了揉发涩的眼睛再看，结果仍与刚才一样，他感到十分惊骇，连忙大声呼唤自己的女儿，女儿听到父亲的喊叫声，以为实验室里发生了什么意外的事，直奔实验室。列文虎克指了指显微镜。女儿凑到显微镜跟前一看，惊奇地叫道：“哎呀，这是什么东西啊？跟童话里的‘小人国’一样。”为了验证这个问题，列文虎克叫女儿用干净的杯子到外面接了半杯雨水，然后取出一滴，放在显

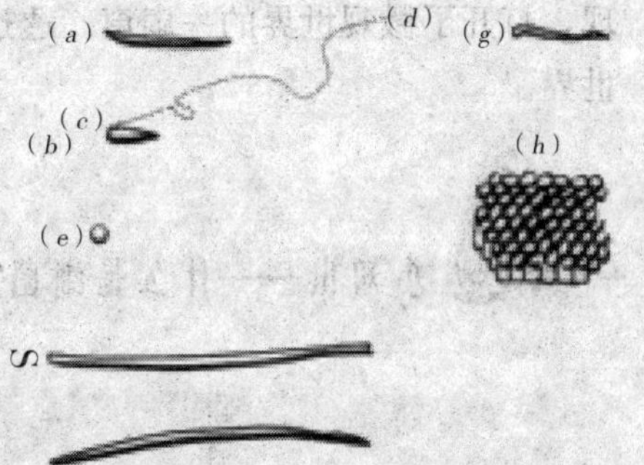

◆列文虎克用他的显微镜观察细菌的记录原件

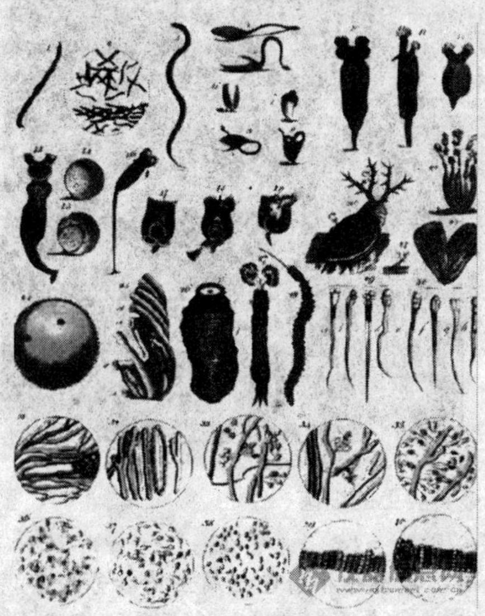

◆列文虎克观察到的“小动物”

显微镜

微镜下，结果没有看到什么东西。可是，过了几天再观察，杯子里的雨水又有“小居民”了。结论是显而易见的：这些“小居民”不是来自天上。雨水里有“小居民”，那么其他东西里有没有呢？他将牙齿缝中的牙垢取下来，用刚取的雨水稀释之后，放在显微镜下，结果看到了“小居民”；他又将泥土取来，用刚取的雨水搅拌后，取一点放在显微镜下，结果也看到了“小居民”。

列文虎克发现的“小居民”就是后来人们所说的细菌。他的这一发现，打开了微观世界的一扇窗。透过这扇窗，人们看到了一个神奇的微观世界。

小知识——什么是细菌？

◆针尖上的细菌

广义的细菌即为原核生物，是指一大类细胞核无核膜包裹，只存在称作拟核区（或拟核）的裸露 DNA 的原始单细胞生物，包括真细菌和古生菌两大类群。人们通常所说的即为狭义的细菌，为原核微生物的一类，是一类形状细短，结构简单，多以二分裂方式进行繁殖的原核生物，是在自然界分布最广、个体数量最多的有机体，是大自然物质循环的主要参与者。

细菌主要由细胞壁、细胞膜、细胞质、核质体等部分构成，有的细菌还有荚膜、鞭毛、菌毛等特殊结构。绝大多数细菌的直径大小为 0.5～5 微米。可根据形状分为三类，即球菌、杆菌和螺旋菌。按细菌的生活方式来分类，分为两大类：自养菌和异养菌，其中异养菌包括腐生菌和寄生菌。按细菌对氧气的需求来分类，可分为需氧（完全需氧和微需氧）和厌氧（不完全厌氧、有氧耐受和完全厌氧）细菌。按细菌生存温度分类，可分为喜冷、常温和喜高温三类。

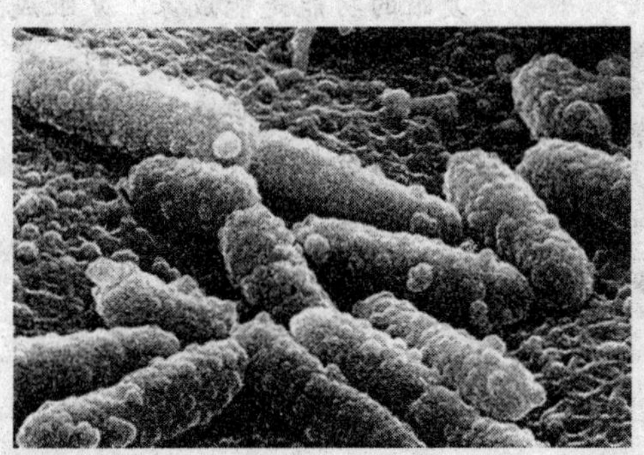

◆大肠埃希菌

大肠埃希菌，通常称为大肠杆菌，是人和许多动物肠道中最主要且数量最多的一种细菌，主要寄生在大肠内。它侵入人体一些部位时可引起感染，如腹膜炎、胆囊炎、膀胱炎及腹泻等。人在感染大肠杆菌后的症状有胃痛、呕吐、腹泻和发热。感染可能是致命性的，尤其是对孩子及老人。

◆果蝇复眼图

1683 年，列文虎克在人的牙垢中观察到比“微动物”更小的生物。这些微小生物究竟是什么呢？当时就连他自己也不得知。直到 200 年之后，人们才认识了它们——细菌。

此外，列文虎克对于昆虫的结构也进行了大量的显微观察。他观察了昆虫的复眼，认为复眼便于昆虫迅速发现其他物体等等。

动动手——上网查一查

绝大多数昆虫头部具单眼和复眼，一般生有一对复眼，有时还有 3 只单眼。它们是主要的视觉器官，对昆虫的取食、生长、繁殖等活动起着重要的作用。

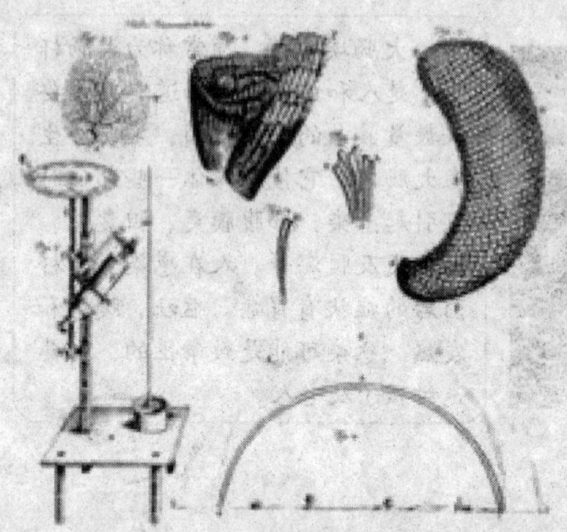

◆列文虎克关于昆虫眼睛的一封信中的插图

复眼的功能是能成像。复眼成像时，每个小眼只形成物体的一部分画面，整个物体的像由各个小眼所形成的部分像拼凑而成。由六边形的小眼构成的，复眼的体积越大，小眼面的数量就越多，它们的视力就越强；反之，复眼的体积越小，视力就越弱。

在所有的昆虫中，蜻蜓的复眼最大，它们鼓鼓地突出在头部的两侧，占了头部总面积的 2/3 以上，由 28000 个小眼面组成。蜻蜓的视力是很发达的，能在飞行中捕捉小昆虫。蝴蝶的复眼比蜻蜓小，由 1200～17000 个小眼面组成；龙虱的复眼由 9000 个小眼面；甲蝇的复眼有 4000 个小眼面。

列文虎克对人类的贡献

列文虎克一生中共磨制了超过 500 个镜片，并制造了 400 种以上的显微镜，其中有 9 种至今仍有人使用。现今当人们在用效率更高的显微镜重新观察列文虎克描述的形形色色的“小动物”，并知道他们会引起人类严重疾病和产生许多有用物质时，才真正认识到列文虎克对人类认识世界所作出的伟大贡献。他对科学研究如痴如狂的迷恋，他的严谨而勤奋的治学态度和作风，以及他所作出的贡献，这些不仅在当时，而且在整个生物学史上也是不多见的。

轶闻趣事——列文虎克的挚友

列文虎克的工作是保密的，他从不允许任何人参观，总是单独一个人在小屋里耐心地磨制镜片，或观察他所感兴趣的东西。但是对于他的朋友，当时荷兰的著名解剖学家德·格拉夫却是个例外。格拉夫对于胰腺分泌物及雌性动物的生殖系统很有研究，“卵”这个词就是格拉夫首先提出来的。格拉夫还比较关注显微

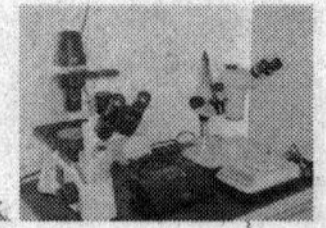

观察，而且与伦敦皇家学会联系密切。正是通过格拉夫，列文虎克的工作才被皇家学会，进而被科学界所认可。

拓展思考

1. 列文虎克设计的显微镜的原理是怎样的？

2. 对于列文虎克的自学成才，你有何启发？

3. 读了“雨水里的秘密”这节内容，对你的学习方法等有什么启迪作用？

“瞅瞅，其实我很漂亮”——显微镜下的沙子

◆显微镜下色彩斑斓的沙粒

月夜独自一人在沙滩上散步的时候，你有没有思考过那些悄悄溜进你脚趾间的微小沙粒呢？随手抓一把看看，沙子就是一堆微小的褐色岩石，或许偶然沙子里也会混进一些贝壳或香烟烟蒂。然而，在显微镜下，沙子的王国却是一个美丽的世界，它有很多迷人的故事要向我们讲述。

沙子由矿物和微小的岩石碎片组成。岩石碎片是岩石经过侵蚀和风化而成的。沙子的成分因地方而异，具体情况视当地岩石的来源和条件而定。沙粒能展现当地的环境史（包括生物学和地质学）。像科学家和艺术家加里·格林柏那样用显微镜观察，会发现沙粒也能展现出惊人的颜色、形状和纹理。众多的沙粒聚集在一起就会形成沙漠。下面就让我们一起来了解沙子，同时欣赏一下在显微镜下拍摄的来自世界各地的沙粒图片，看完之后，大家一定会发出这样的感慨：“原来小小的沙粒，也可以有大大的文章。”

各种沙子的成分简介

沙子的成分因地方而异。例如，在内陆地区（如沙漠）和非热带海岸地区（如沙滩）的环境中，沙子最常见的组成成分是硅（Si）或者二氧化硅（SiO2）。通常情况下，硅以石英石的形式存在。因其化学性质稳定和质地坚硬，足以抗拒风化。长石砂岩是一种长石（硅酸铝）含量很高的沙

◆美丽的珊瑚礁

子或沙岩，通常是附近的花岗岩经过风化和侵蚀形成的。

在珊瑚礁中找到的细质白色沙子是地上珊瑚（石灰石），它们可以通过鹦鹉鱼的消化系统。

一些地方的沙子中包含磁铁矿、黏土、绿泥石、海绿石或石膏。富含磁铁矿的沙子会呈深黑色，其来源多为火山中的玄武岩。含有绿泥石和海绿石的沙子一般呈绿色，其来源为高含量的橄榄石的玄武岩（熔岩）。位于美国新墨西哥州的白沙国家博物馆的石膏沙丘以其白色而闻名于世。在某些地区，沙层中包含石榴石和其他耐蚀矿物，如一些宝石矿石。

你知道吗——硅

硅是一种化学元素，它的化学符号是Si，旧称矽。原子序数14，相对原子质量28.09，有无定形硅和晶体硅两种同素异形体。硅也是极为常见的一种元素，然而它极少以单质的形式在自然界出现，而是以复杂的硅酸盐或二氧化硅的形式，广泛存在于岩石、砂砾、尘土之中。硅在宇宙中的储量排在第八位。在地壳中，它是第二丰富的元素，构成地壳总质量的25.7%，仅次于第一位的氧（49.4%）。

◆硅

美丽的沙子

◆夏威夷考艾岛路玛哈伊海滩的沙粒

◆摩洛哥北撒哈拉沙粒

◆马萨诸塞州普拉姆岛沙粒

下面给大家介绍 8 张来自不同地方的精美沙粒显微照片：

夏威夷考艾岛路玛哈伊海滩——明亮的绿色橄榄石是夏威夷缓慢流动的玄武熔岩内的重要矿物，它含有丰富的铁。在波浪翻滚和下沉运动过程中，这种矿物质的密度能让它与其他沙粒分开，结果导致这片沙滩上的堆积物呈现黄绿色。像橄榄石一样密集的沙子还能抵御风蚀，让它在连续的波浪冲击下长期存在下去。

摩洛哥北撒哈拉——这些沙粒凹陷和不光滑的表面是沙漠沙粒的典型特征，因为这里的沙粒总是不断地相互冲撞。很多沙漠沙粒呈现浅红色，这是由从大气中降落的铁物质包裹在沙粒表面所致。

马萨诸塞州普拉姆岛——在地下高温高压的环境中形成的变质矿物，能变成像这样的明暗沙粒。但是要鉴别不同类型的沙粒，颜色经常并不可靠。在这张图片中，粉红色和红色沙粒是石榴石，但是石榴石也可能呈现褐

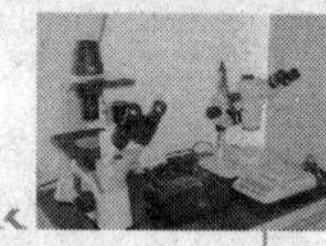

色、黑色、绿色或橙色，这主要取决于它们的化学成分。位于中心的亮绿色绿帘石也可能是灰色、褐色或接近黑色。有棱角的黑色磁铁矿（地球上最普通的磁性材料）始终是黑色，并且经常会在石榴石附近发现这种矿物。

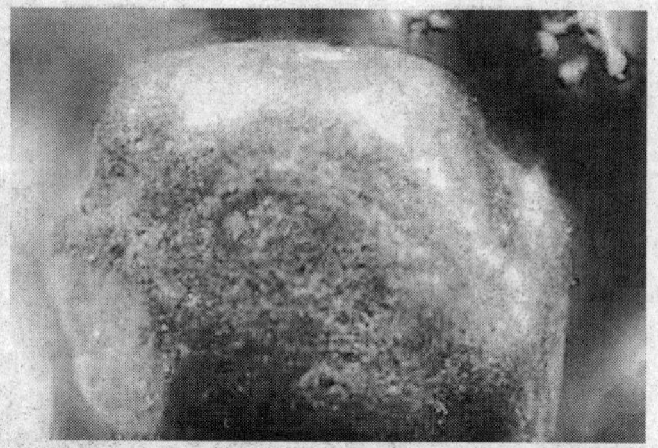

◆夏威夷毛依岛马可纳岬沙粒

夏威夷毛伊岛马可纳岬——这种沙粒（因氧化铁呈现红色）是在夏威夷毛伊岛马可纳岬发现的。熔融岩浆凝固后产生的火成岩经侵蚀形成这种物质。

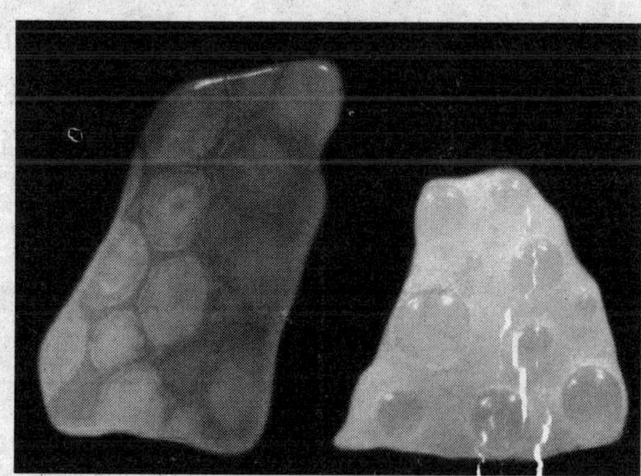

◆夏威夷毛依岛沙粒

夏威夷毛伊岛——并不是所有的沙粒都是由微小的岩石构成。源生物沙粒是很多热带海滩的主要成分，这种物质是由海洋生物的遗体构成。图片中这些沙粒是小海胆贝壳的微小片断。白色沙粒上凸起的部分代表着海胆的脊骨的插入点。蓝色沙粒的侵蚀程度已经达到顶点，凸出的部分已经被全部磨平。

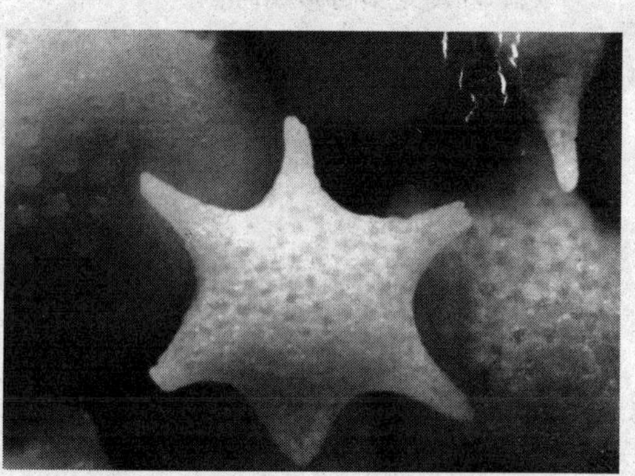

◆日本冲绳竹富岛沙粒

日本冲绳竹富岛——这张图片上的白色沙粒看起来像一个表面布满珍珠的膨胀小星星，这是原生动物有孔虫的贝壳。据估计，世界海洋中大约

◆希腊得洛斯岛沙粒

生活着4000种有孔虫。这种贝壳又被称作介壳，主要由碳酸钙构成，这些动物从空气和海水中获得碳原子。因此，有孔虫在碳循环过程中起着重要作用。

希腊得洛斯岛——人造物体也能变成沙子。这颗沙粒是在希腊得洛斯岛上发现的，得洛斯岛是希腊最重要的神话、历史和考古遗址之一。得洛斯岛没有原生大理石，古代有大量大理石被从其他地方开采出来，并运到这座岛上修建寺庙。随着时间流逝，大理石块经历风雨侵蚀变成小块，现在当地海滩上分布着不同类型的大理石。

1. 你知道如何从矿物石中提取硅吗？

2. 沙漠是如何形成的？

3. 如果想要在显微镜下观察沙粒的形状等，那么事先应该做哪些准备工作？

海底世界
——显微镜下的海洋生物

你去过“海底世界”吗？参观“海底世界”时，在海底隧道中，你可以畅游海底，观看数百种海洋生物，大到凶猛的鲨鱼，小至绚丽多彩的珊瑚鱼。还能欣赏鲨鱼等海洋生物惊险刺激的捕食场面及人鲨共舞表演。以上这些都是你能够直接看得到的，那么，你知不知道，无论是舀起一桶海水还是咽下一口海水，无论海水看上去多么晶莹透亮，其实，你得到的都是充满动植物的“大观园”，一些动植物我们见过，一些对我们来说却很陌生，很神秘。

◆海底蕴藏着不知多少生物

下面，让我们一起看看这些平时你难以观察到的海洋生物吧！

海洋中的“大观园”——浮游生物

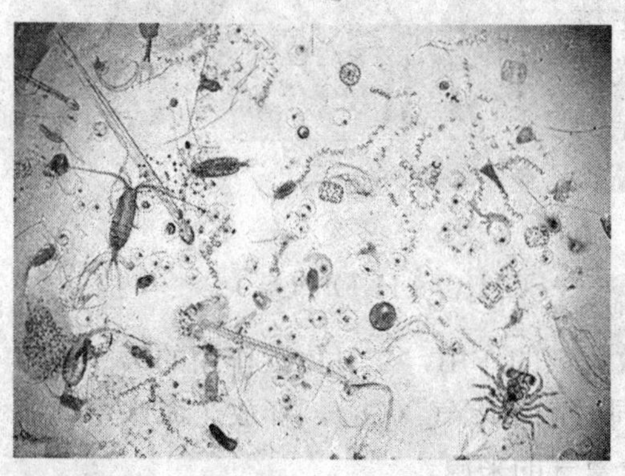

◆海洋生物

左图是一滴海水被放大 25 倍的画面。大海是无数小动物、小植物的家园。这些小动物和小植物统称为浮游生物。养过鱼的人都知道鱼吃鱼虫，去江河或池塘边玩的人都见过小虾，类似鱼虫和小虾这一类体型细小，大多数用肉眼看不见，悬浮在水层中而且游动能力很差，主要受水流支配而移动的生物，称浮游生物。因此，“浮游生物”这个词不是描述一种特殊的有机体，而是根据其生活方式的类型而划定的一种生态群。

动动手

去网上了解有哪些科学家对浮游生物有过研究，以及研究成果是什么吧：

1. 去搜索网站。

2. 搜索：“浮游生物研究”，这个时候你将会发现许多关于浮游生物研究历史的网站链接，随便点一个开始了解吧。

3. 将你学到的东西尽量记下来吧，今后很可能会用到的。

浮游生物包括水体病毒、只有在显微镜下才能看得到的海藻和水中细菌、小虫子、甲壳纲动物，还有鱼卵、大动物的幼体和植物（如海草），以及螃蟹、龙虾、鱼、海胆和小型无脊椎动物以及很少数的大型生物如水母等。

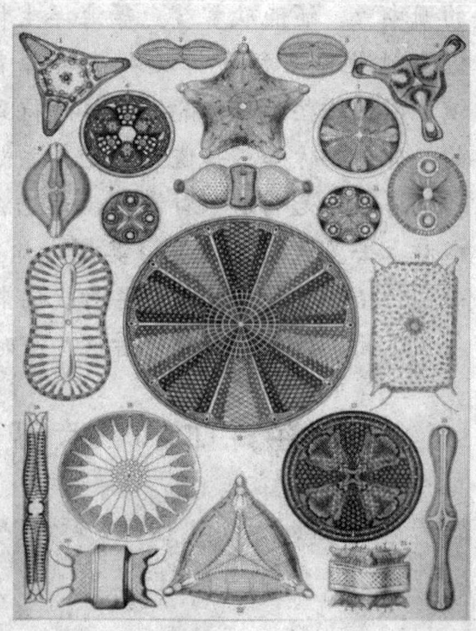

◆显微镜下的硅藻

虽然浮游生物的重要性不能过分夸大，但是，浮游植物却为世界上高级生命形式提供了必不可少的重要氧源。浮游植物中的藻类都含有陆生植物那样的叶绿素，故能吸收太阳光进行光合作用，把无机物合成为复杂的有机物，获得营养以构造自身，藻类的这种碳同化作用过程如下：

$$CO_2 + 2H_2O \xrightarrow{光，叶绿素} CH_2O + H_2O + O_2$$

上述过程中叶绿素起着光化敏化剂的作用，二氧化碳作用的第一产物是碳水化合物，以 CH_2O 表示，同时产生氧气（O_2），释放于海水中，成为溶解氧，提供动物所需的大部分氧气的来源。

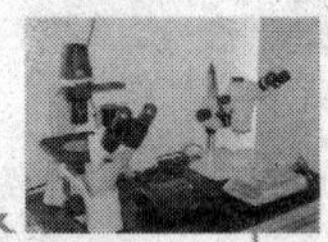

小小氧气制造者——硅藻

硅藻的产氧量占海洋生物总生产力的90%。下面我们简单介绍一下硅藻的特征。硅藻是一种微小的单细胞藻类植物，在海洋中单独或以许多个体连成各种各样的群体，过着浮游、底栖和附着生活。其中浮游生活的硅藻数量最大，具有重要的经济意义。硅藻个体在显微镜下观察像个小盒子，盒由上下两壳相套而成；上壳大，下壳小，壳顶和壳底都称为壳面。壳边称为相连带，上下相连带总称为壳环或壳环带，此面也称作壳环面。我们知道，植物细胞都有细胞壁。硅藻的细胞壁由果胶质和硅质构成，壁外有刺毛和突起，有时还有膜状或胶质突出物，这些突出物使整个细胞的表面积扩大，增加了在水中的浮力和相互连接的作用。硅藻细胞的内含物和普通植物细胞相似，细胞核位于细胞中央，除细胞质外还有叶绿素、叶黄素、胡萝卜素、硅藻素等色素体成分，细胞原生质中还有光合作用的产物脂肪和油粒。硅藻的种类非常之多，我国沿海常见的种类有舟形藻、羽纹藻、菱形藻、箱形藻、圆筛藻、角刺藻、星杆藻、根管藻、骨条藻等等，难怪有人称此类海洋浮游植物为“海洋的草原”。

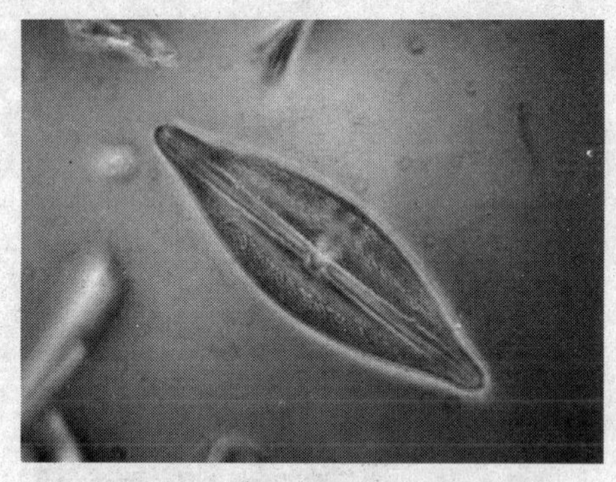

◆显微镜下的硅藻

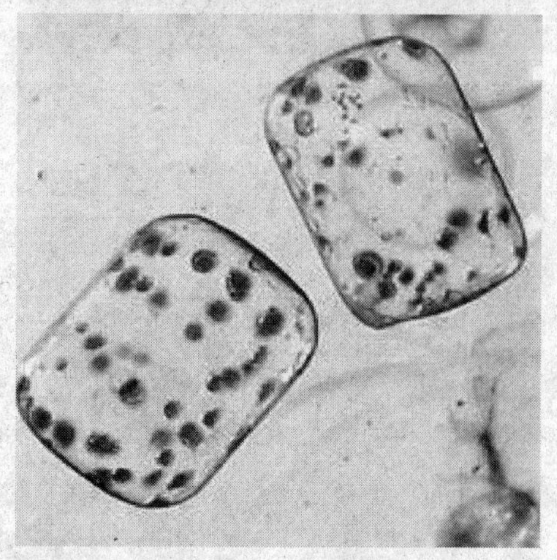

◆显微镜下的硅藻

我们要保护水生生物的生态，否则，池塘、江河、湖泊就会失去渔业上的经济价值。另外，远古时代海洋、湖泊的浮游生物曾是形成石油的重要基础。

显微镜下的浮游生物

◆显微镜下的螃蟹幼体

◆显微镜下的蓝藻

知道了海洋生物的重要性，最后，让我们打开显微镜的五花筒，近距离地和这些小家伙来个“亲密接触”吧，来看看，这些小生物长得和我们想象中究竟有多少的差异呢？

我们都知道，螃蟹形状可怕，丑陋凶横，所以鲁迅先生曾称赞：第一次吃螃蟹的人是很让人佩服的。那么，你看过小的螃蟹长成什么样吗，它们和蟹妈妈长得像吗？下面，我们一起通过左边的图片来看看在显微镜下的小螃蟹是什么样子的。看，它长不到0.6厘米，显然这些脆弱透明的节肢动物离“成熟”还很远，但是它的各部分节肢已经依稀可辨。从图中，我们就可以清晰地看到它们的八条腿和两个大大的爪子，当然那对红红的大眼睛也已经长得有模有样了。但是我们可以发现，螃蟹幼体的躯体显然还是没有成熟的螃蟹那么宽，当然这些特征是需要一步一步慢慢地变化过来的。

蓝藻是原核生物，又叫蓝绿藻、蓝细菌；大多数蓝藻的细胞壁外面有胶质衣，因此又叫黏藻。在所有藻类生物中，蓝藻是最简单、最原始的一种。蓝藻是单细胞生物，没有细胞核，但细胞中央含有核物质，通常呈颗粒状或网状，染色质和色素均匀地分布在细胞质中。该核物质没有核膜和核仁，但具有核的功能，故称其为原核（或拟核）。在蓝藻中还有一种环

状DNA——质粒，在基因工程中担当了运载体的作用。和细菌一样，蓝藻属于“原核生物”。它和具原核的细菌等一起，单列为原核生物界。所有的蓝藻都含有一种特殊的蓝色色素，蓝藻就是因此得名。但是蓝藻也不全是蓝色的，不同的蓝藻含有一些不同的色素，有的含有叶绿素，有的含有蓝藻叶黄素，有的含有胡萝卜素，有的含有蓝藻藻蓝素，也有的含有蓝藻藻红素。红海就是由于水中含有大量藻红素的蓝藻，使海水呈现出红色。蓝藻进化要借助阳光的力量，可生成糖，这个过程也称为光合作用，会向大气释放氧气。至今，海洋中的大量蓝藻仍是氧气的主要来源。

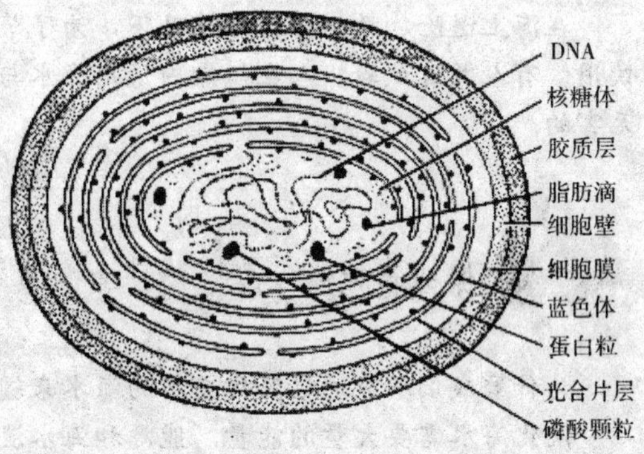

◆蓝藻的细胞模式图

小知识——海水为什么不能喝？

海水中含有大量盐类和多种元素，其中许多元素是人体所需要的。但海水中各种物质浓度太高，远远超过饮用水卫生标准，如果大量饮用，会导致某些元素过量，影响人体正常的生理功能，严重的还会引起中毒。

如果喝了海水，可以采取大量饮用淡水的办法补救。大量淡水可以稀释人体摄入过多的矿物质和元素，将其排出体外。

据统计，在海上遇难的人员中，饮海水的人比不饮海水的死亡率高12倍。这是为什么呢？原来，人体为了要排出100克海水中含有的盐类，就要排出150克左右的水分。所以，饮用了海水的人不仅补充不到人体需要的水分，反而脱水加快，最后造成死亡。

海水经过淡化处理后是可以饮用的。海水淡化的方法有几十种，最主要的有蒸馏法、电渗法、冷冻法、膜分离法等。蒸馏法是目前应用得最多的方法，这种方法是先把水加热、煮沸，使海水产生蒸汽，再把蒸汽冷凝下来变成蒸馏水。

在用蒸馏法制得的淡水中最好掺入少量（2%）洁净海水或适量矿化剂，这样水味可口，还补充了蒸馏水中所缺少而人体必需的无机盐。

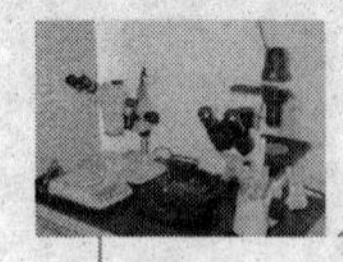

在海上遇险、救生等特殊情况下，为了节约淡水，可将部分海水与淡水混合饮用。有人做过试验，人在短期内饮用海水与淡水各半的混合水，一般对人体是无害的。

你知道吗？

为什麽我们不能通过淡化更多的海水来缓解用水短缺呢？

淡化海水需要大量的能量。能源和海水淡化都是非常昂贵的，这意味着淡化海水将是费用昂贵的。淡化 1 立方米（264 加仑）海水的成本从 1 美元以下到 2 美元以上都有可能。而如果从江河或者地下采水，所需费用会直线下滑到 10%～20%，所需费用甚少。

这意味着用当地的淡水总是比海水淡化要便宜得多。

桡足动物：这些虫子状的生物是最常见的浮游动物，可能是海洋中最重要的动物，因为它们构成了最丰富的蛋白质来源。它们是虾状甲壳类生物，身体呈泪珠状，长着大触角。桡足动物还是精力充沛的“游泳健将”，神经系统发达，擅长避开敌人追捕。

它们构成了各种鱼类的基础食物。一些科学家相信，如果集合在一起的话，桡足动物就是地球上最大的动物种群。

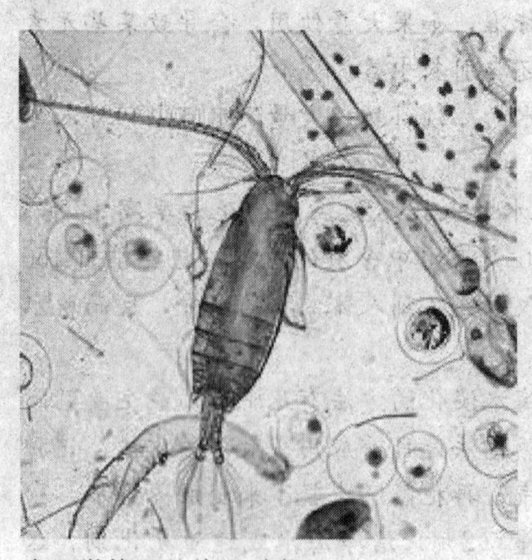

◆显微镜下的桡足动物

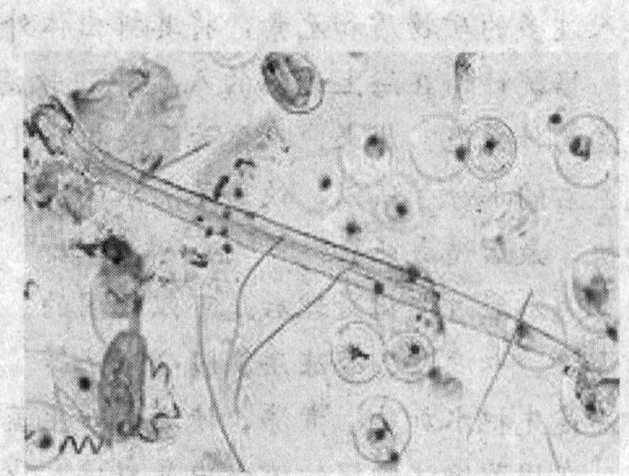

◆显微镜下的毛颚类海虫

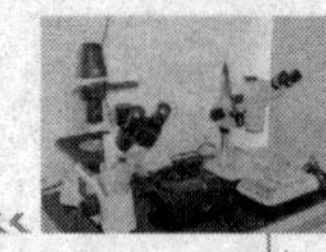

毛颚类海虫是一种长而半透明的生物，食肉的海洋动物，它们构成了浮游生物的重要部分。在浮游生物中，它们体形较大，长 1/3 厘米至 13 厘米。它们有神经系统，两只眼睛，一张嘴，还有牙齿，头部两侧有两小脊椎，这是它们用来和敌人（小浮游生物）格斗的武器。有的可给对方注入令其瘫痪的毒液。

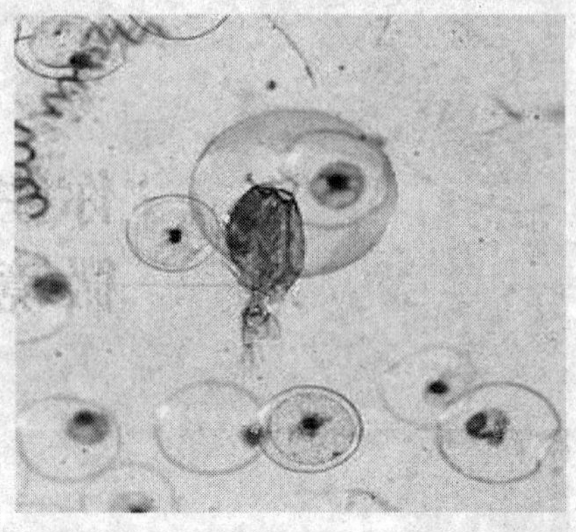

◆显微镜下的鱼卵

几乎所有的鱼都会产卵，但是有极少数鱼类（包括鲨鱼）可产出小鱼。少数鱼会保护和孕育它们的卵，最明显的是海马，雄海马担任照顾卵的角色。但是，大部分的鱼类是在公海里排出大量受精卵，其中绝大部分鱼卵会被其他一些浮游生物当作食物吃掉。

你知道吗？——海水为什么是咸的？

海水是盐的“故乡”，海水中含有各种盐类，其中 90％左右是氯化钠，也就是食盐。另外还含有氯化镁、硫酸镁、碳酸镁及含钾、碘、钠、溴等各种元素的其他盐类。氯化镁是点豆腐用的卤水的主要成分，味道是苦的，因此，含盐类比重很大的海水喝起来就又咸又苦了。

拓展思考

1. 有什么方法可以使海水变淡以使我们可以饮用？
2. 除了书上介绍的一些外，你能说出几种其他浮游生物的名称和特征？
3. 联想你的生活，你知道硅藻有哪些危害吗？
4. 阅读了本文后，你知道为什么我们把蓝藻称为原核生物，它和细菌有哪些共同点和不同点呢？
5. 浮游生物的繁殖方式有哪些？并举例说明。

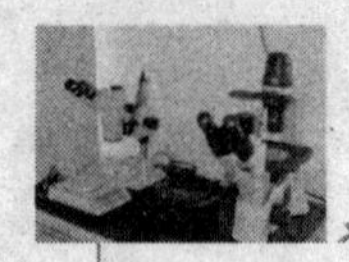

"你往哪里逃"
——微镜下的微生物

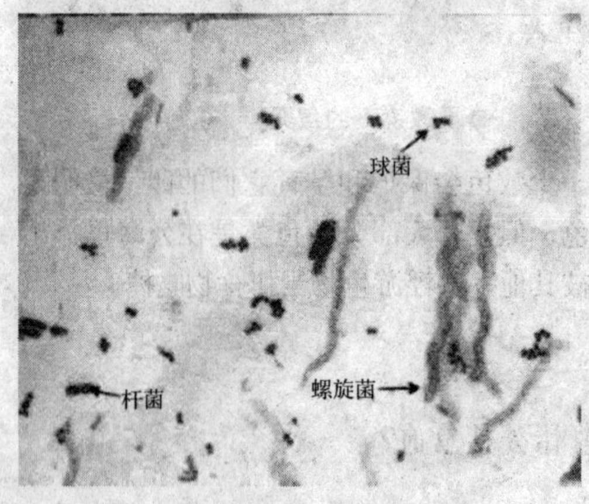

◆显微镜下三种细菌形态

在大自然中，生活着一大类肉眼看不见的微小生命。无论是繁华的现代城市、富饶的广大田野，还是人迹罕见的高山之巅、辽阔的海洋深处，到处都有它们的踪迹。这一大类微小的"居民"称为微生物，它们和动物、植物共同组成生物大军，使大自然显得生机勃勃。

自发明显微镜至今的400多年来，随着显微镜制作技术的不断发展，人们对眼睛所不能看到的微生物有了更多的了解和认识。今天我们知道的微生物可能还只是地球上微生物的一小部分，有人估计最多不过10%。但是，即使是这么一小部分，我们也不能不为微生物世界的丰富多彩感到惊讶。现已得知，目前在微生物王国中，按大小排列共有八大家族在自由自在地生活，并与我们人类有着密切的关系。下面，就让我们走进微生物王国，去细细观察里面的每一个"臣民"吧！

微生物概要

微生物王国是一个真正的"小人国"，这里的"臣民"分属于细菌、真菌、病毒、放线菌、螺旋体、立克次体、衣原体、支原体等几个代表性家族。这些家族的成员，一个个小得惊人。就以细菌家族的"大个子"杆

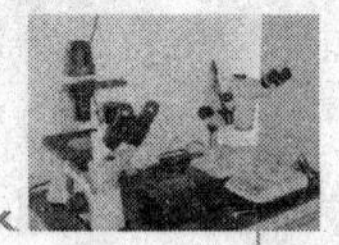

菌来说，让 3000 个杆菌头尾相接“躺”成一列，也只有两至三粒米那么长；让 70 个杆菌“肩并肩”排成一行，刚抵得上一根头发丝那么宽。

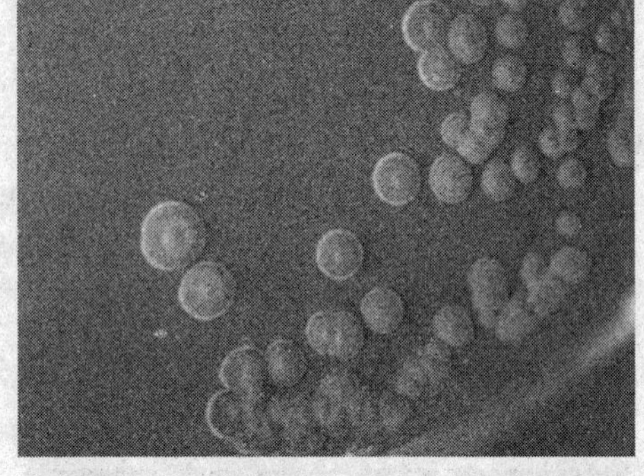

◆菌落

微生物如此之小，人们只能用“微米”甚至更小的单位“埃”来衡量它。大家知道，1 微米等于千分之一毫米。细菌的大小，一般只有几个微米，有的只有 0.1 微米，而人的眼睛大约只有分辨 0.06 毫米的本领，难怪我们无法看见它们。

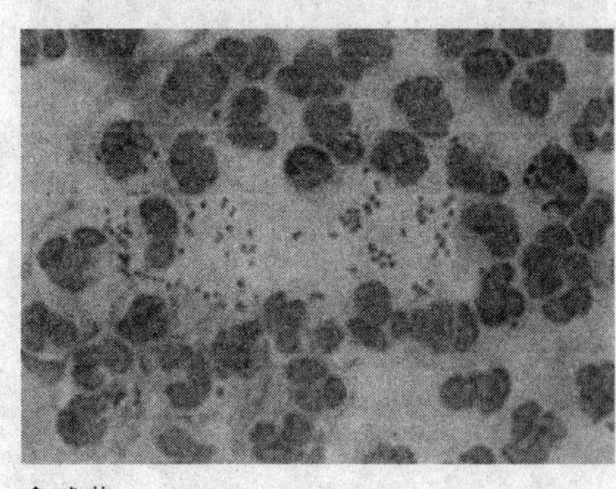

◆球菌

当然，微生物也有看得见的。比如食用的蘑菇、药用的灵芝等都是微生物。生物学家曾在捷克发现一种巨蕈，属于真菌族微生物范畴，你猜它有多大？——直径 4 米多，重达 100 多千克。它不仅是微生物大家族中的“巨人”，而且在整个生物世界里也不算“小个子”了。

微生物能够致病，能使食品、布匹、皮革等发霉腐烂，但微生物也有有益的一面。最早是弗莱明从青霉菌抑制其他细菌的生长中发现了青霉素，这对医药界来讲是一个划时代的发现。后来大量的抗生素从放线菌等的代谢产物中筛选出来。抗生素的使用在第二次世界大战中挽救了无数人的生命。一些微生物被广泛应用于工业发酵，生产乙醇及各种酶制剂等；一部分微生物能够降解塑料、处理废水废气等，并且可再生资源的潜力极大，称为环保微生物；还有一些能在极端环境中生存的微生物，例如：高温、低温、高盐、高碱以及高辐射等普通生命体不能生存的环境，依然存在着一部分微生物。看上去，我们发现的微生物已经很多，但实际上由于培养方式等技术手段的限制，人类现今发现的微生物还只占自然界中存在的微生物的很少一部分。

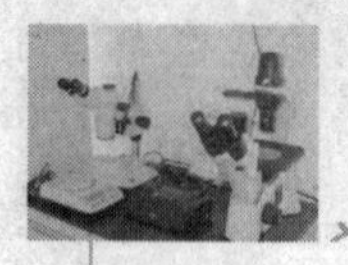

家族成员：小小细菌

细菌在自然界的土壤、空气、江河湖海、动植物细胞里几乎无处不在。它共有三种形态：一种是圆球状的球菌；另一种是短杆形的杆菌；再有一种是螺旋状的，叫弧菌或螺菌。细菌中有一部分可以引起人类疾病，那就是病菌，也叫病原菌；而绝大部分细菌并不会引起人类疾病，称为非致病菌。

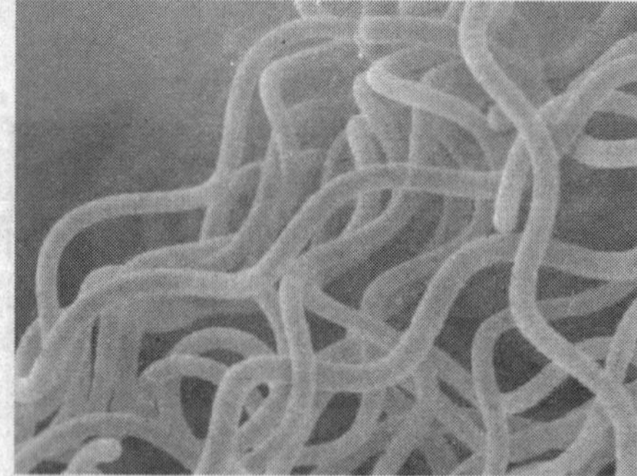

◆螺旋菌

◆杆菌

小知识——细菌的利与弊

听到“细菌”这个词的时候，你可能马上就联想到生病。的确，我们生活中有许多传染病都是由细菌引起的。然而，大多数的细菌还是对人类有益的。实际上，人们在许多方面还依赖于细菌。

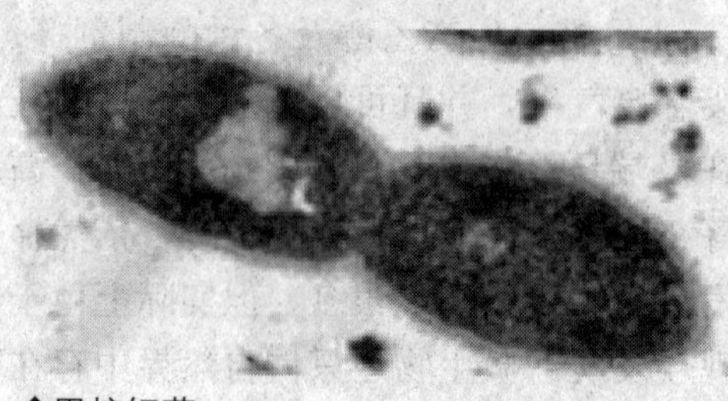

◆甲烷细菌

1. 燃料。古细菌生活在无氧的环境中，比如湖底和沼泽的淤泥中。它们在呼吸过程中会产生一种气体——甲烷，甲烷是一种非常重要的天然气。

2. 食物。像你喜欢吃的奶酪、泡菜、腌肉、酸奶等，里面就包含

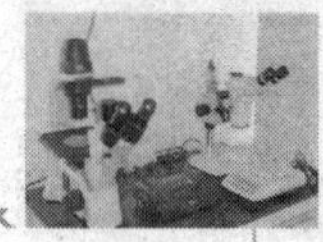

了许多有益细菌所合成的新物质。

3. 环境再循环。生活在土壤当中的细菌属于分解者。它把死亡的有机体中较大的有机物分解成小有机物，把基本化合物归还给了环境，从而促进了环境再循环。例如，秋天许多树叶枯死并落在地上。腐生细菌就会花上数月的时间来分解枯枝当中的有机物。分解出的化合物渗入土壤中，然后又被附近植物的根系吸收。根瘤菌是与豆科植物，如花生、豌豆和大豆共生的细菌，它能把空气当中的氮气转换成植物生长所需要的含氮物质，就像化工厂一样，这对农业和自然界都很重要。

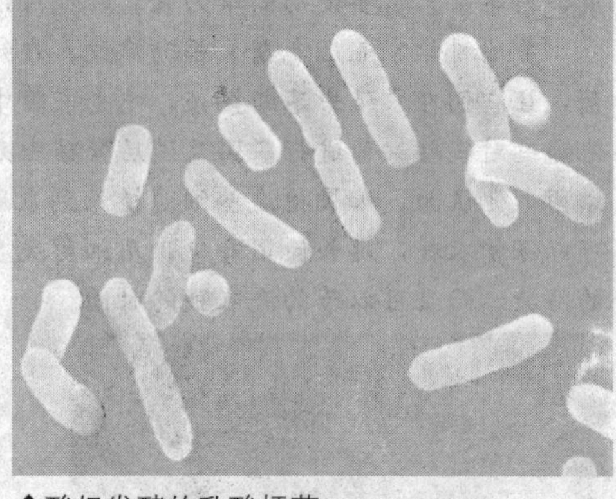

◆酸奶发酵的乳酸杆菌

◆根毛细胞上的根瘤菌

4. 环境净化。科学家们把一些细菌安置在石油泄露的洋面和有汽油泄漏的加油站的土壤中，以便于净化环境。

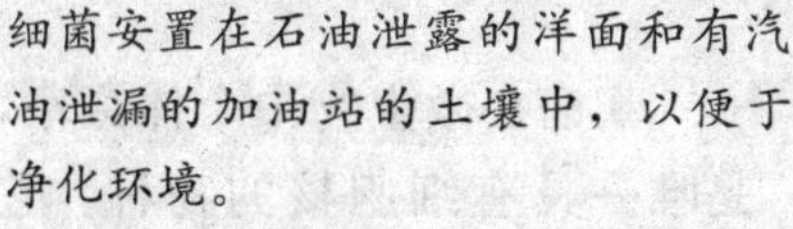

5. 医疗保健。例如，在人体的消化系统中，肠道内就充满了大量的大肠埃希菌，它们能保持肠道的健康。还有像科学家通过操纵细菌的遗传物质，使细菌合成出人类的胰岛素。虽然健康的人可以自身合成胰岛素，但是患有糖尿病的人却不能自身合成。

所以，细菌并不是人类的敌人。其实，它跟自然界中的其他事物一样，除了有害的一面外，还有对人类有利、能被人类利用的一面。

链接：科技博览

美国德拉瓦大学的科学家成功地创造了一种会发光的细菌，可以帮助侦查家禽饲料内的毒素和其他造成环境污染的物质，包括除草剂和废金属。科学家是将一种称为 Photorhabdus luminescens 的生物发光细菌内的基因物质，与大肠埃希菌混合，制成一种细菌，可以对污染环境的毒素作出反应，产生会发光的蛋白质，科学家只需要使用简单的装置，便可以探察细菌发出的光。

美国科学家亚历克斯·福勒建议，在纺织品的纤维内放进一些特定品种的细菌，让它们在衣服中不断繁殖，吃光衣服中的油污和汗迹。福勒称，这些细菌是他通过对某些细菌进行基因改造后繁殖出来的。他还寻找到了一些天生能防水的细菌。他认为，如果把这些细菌植入到衣服的纤维中，就能起到防腐防潮作用，可以保护衣料，延长使用寿命。用细菌洗衣服不但节约了洗涤剂，减少了对环境的污染，而且可以节约洗衣服的时间。

◆青霉

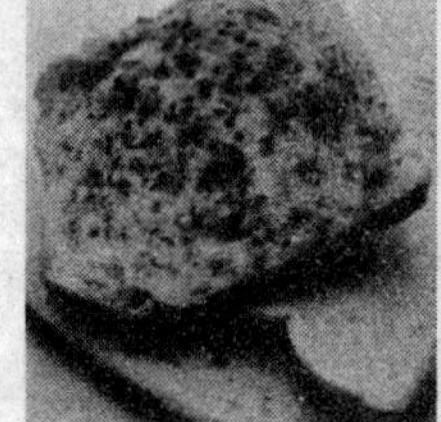
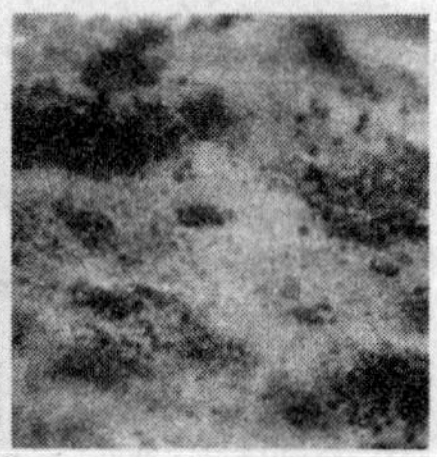
◆发霉的面包

家族成员：真菌

◆食用菌

真菌在微生物中个体最小，是唯一具有细胞核的物种。它有两种类型：一种是霉菌，身体呈分极的树枝状，里面有圆圆的细胞核。在自然界分布很广，大量繁殖会引起各种物品发霉和腐烂，还可以引起人体皮肤的感染，对人类社会有很多的危害。另一种是酵母菌，外形呈圆球状，生活在有糖的环境中，容易造成物品的发酵变质。但酵母菌可用于制作面包、馒头等食品，还可以酿酒。此外，还有一些真菌如蘑菇、木耳等。

微生物家族其他成员

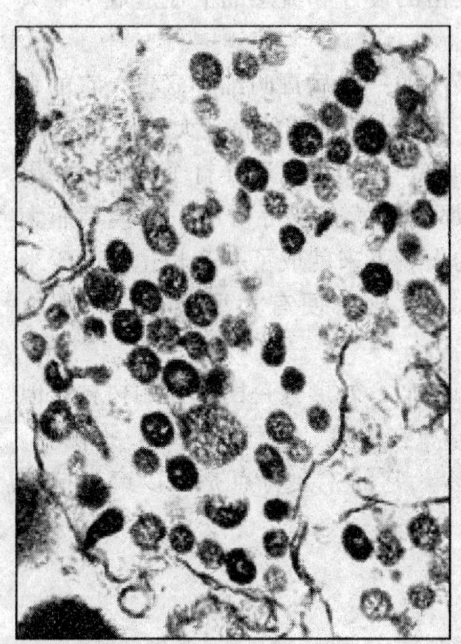

◆冠状病毒

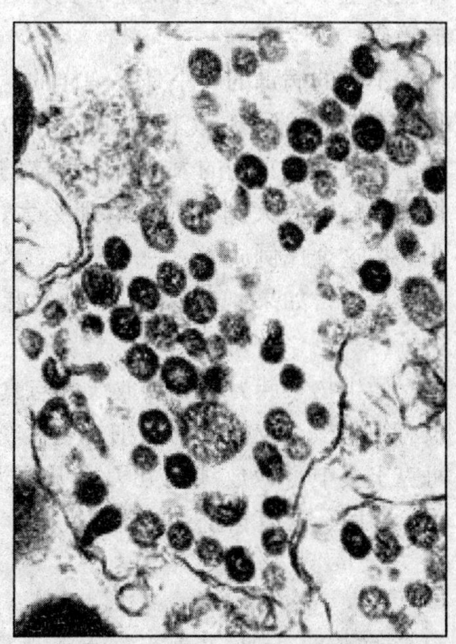

◆非典病毒

> 如果把病毒和细菌的大小相比较，您能设想用两件物品来比较它们吗？

病毒是目前微生物中个体最小的一种，用光学显微镜已经无法发现它们，只有通过电子显微镜才能够看到它们。在人类疾病中有50％是由病毒引起的。它是由蛋白质和核酸构成的赤裸颗粒，因寄生的细胞种类不同而呈现不同的形状。病毒不能独立生存，而是寄生在动物、植物、细菌和人类的细胞中。它是人类健康的大敌，许多疾病如天花、肝炎、脑炎、感冒等，都是由病毒感染引起的。在疾病的预防和治疗方面，人类取得了长足的进展，但是新现和再现的微生物感染还是不断发生，对大量的病毒性疾病一直缺乏有效的治疗药物。一些疾病的致病机制并不清楚。大量的广谱抗生素的滥用造成了强大的选择压力，使许多菌株发生变异，导致耐药性的产生，人类健康受到新的威

胁。一些分节段的病毒之间可以通过重组或重配发生变异，最典型的例子就是流行性感冒病毒。每次流感大流行时的流感病毒都与前次导致感染的株型发生了变异，这种快速的变异给疫苗的设计和流感的治疗造成了很大的障碍。

不同的病毒的大小是不一样的。最小的一类病毒叫细小病毒，它的直径只有20纳米（1微米=1000纳米），而最小的细菌的直径大约是1微米。为了让大家对它们的大小有个具体的印象，我们可以这样打个比喻：如果把细小病毒放大到一粒芝麻那么大，那细菌就有装可口可乐的玻璃瓶大小。按这个比例放大，一个高1.7米的人躺下来就成了一个长达250千米的小岛了；如果把细菌放大到芝麻大小，芝麻便有大型公共汽车那么大了。

微生物家族另一成员放线菌与真菌相似，外形像一团分叉的树枝，但没有细胞核，枝杈也比较细。它广泛分布在土壤、空气和水中，据测算，每克土壤中可含放线菌几万至几百万个。它的主要特点是可以产生抗菌素，在医药上有很重要的用途。

小知识——艾滋病病毒

艾滋病病毒即人类免疫缺陷病毒（HIV），顾名思义它会造成人类免疫系统的缺陷。1981年，人类免疫缺陷病毒在美国首次被发现。它是一种感染人类免疫系统细胞的慢病毒，属反转录病毒的一种。该病毒破坏人体的免疫能力，导致免疫系统失去抵抗力，从而导致各种疾病及癌症。

人们痛恶的传染性疾病——梅毒

梅毒是由苍白（梅毒）螺旋体引起的慢性、系统性性传播疾病绝大多数是通过性途径传播的。

螺旋体的形状很特别，像一段松弛的弹簧，在自然界存在较少，但对人类的危害很大。人们痛恶的传染性疾病——梅毒，就是由这种微生物传

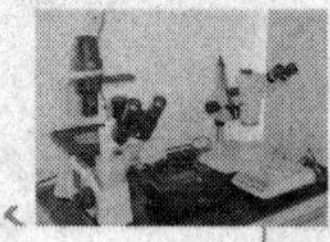

播的，对此，应积极采取措施来加以控制和灭除。

知识库——抗生素的发现

乙型肝炎病毒简称乙肝病毒，简称 HBV。乙型肝炎病毒的传播途径主要有：1. 血液传播：血液传播是乙肝传播途径中最常见的一种，比如输血过程中被感染。2. 母婴传播：患急性乙肝或携带乙肝表面抗原的母亲可将乙肝病毒传给新生儿，尤其携带乙肝表面抗原的母亲为主要的感染类型。3. 性传播：乙肝病毒的性传播是性伙伴感染的重要途径，这种传播亦包括家庭夫妻之间的传播。

支原体是一种个体很小，形状多变的微生物。虽能够独立生活，但生存能力很弱。它可以引起动物和人类的胸膜炎、肺炎和非典型肺炎的发生，是影响人类健康的一大危害。

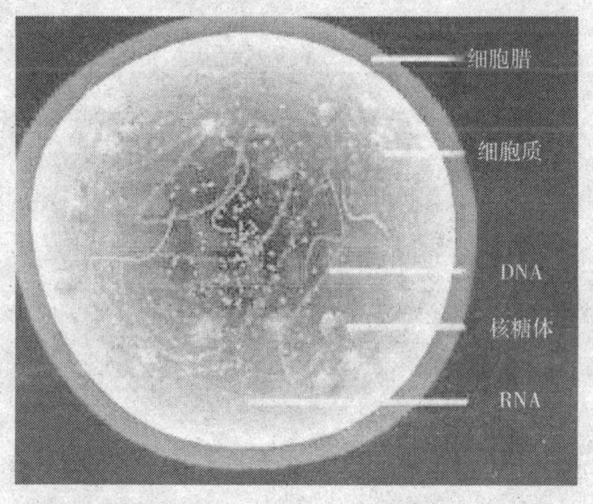

◆支原体模型

衣原体是一种呈球形的微生物，个体很小，利用高倍数光学显微镜勉强可以看到它的踪影。它可以侵入人类、鸟类和其他哺乳动物的体内，并寄生在细胞内长期生存。对人类来说，它是沙眼的主要传播者。

立克次体是和细菌细胞结构相似的微生物。它不能独立生存，通常寄生在虱、蚤、螨、蜱等小虫的消化道表面细胞内，并以这些动物为媒介将疾病传染给人或其他脊推动物，是传播斑疹伤寒的罪恶帮凶。

1. 细菌种类繁多，无所不在。你能说一说细菌与人类的关系吗?

2. 你认为蘑菇是植物吗? 请说出你的理由。

3. 夏天，小明早上从菜场买了一块肉准备晚上吃，可又担心到晚上肉会腐败，请你帮小明出个主意。

了解自己的身体
——显微镜下奇妙的人体

如果有人问你对自己了解不了解，那么，你肯定会毫不犹豫地回答："当然!"可是，当你看了下面的内容，我相信你肯定会张大嘴巴，发出一声长长的感叹——"原来如此啊。"那么，就让我们一起来看看究竟有什么东西是自己也不是很了解的呢?

当精子第一次遇到卵子

每当一个新生命呱呱坠地的时候，都是一个令人激动的时刻。我们把胎儿从母体中生出来称为分娩。那么新生命的起点是从什么开始的？相信大家都知道，答案就是受精卵。受精卵又是怎样形成的呢？对，受精卵是由精子和卵子结合形成的。精子和卵细胞是人体的生殖细胞（性细胞）。下面，就让我们来认识一下精子和卵子。

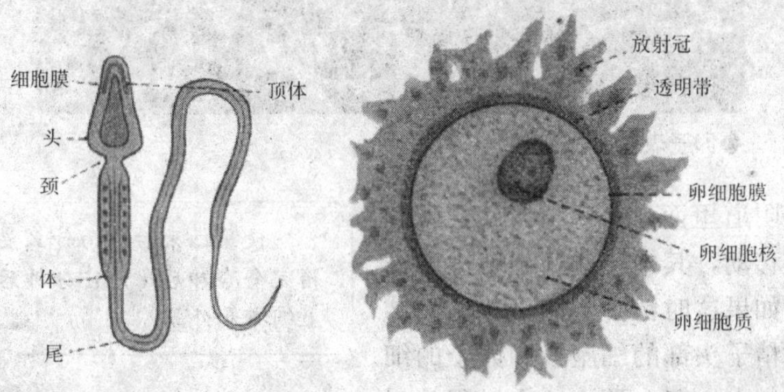

◆精子和卵细胞结构示意图

从上图我们可以看出，精子外形像一个蝌蚪，而卵子像一个球。精子是由头部、尾部和中段构成的。头部里有细胞核、细胞质，外面有一层细

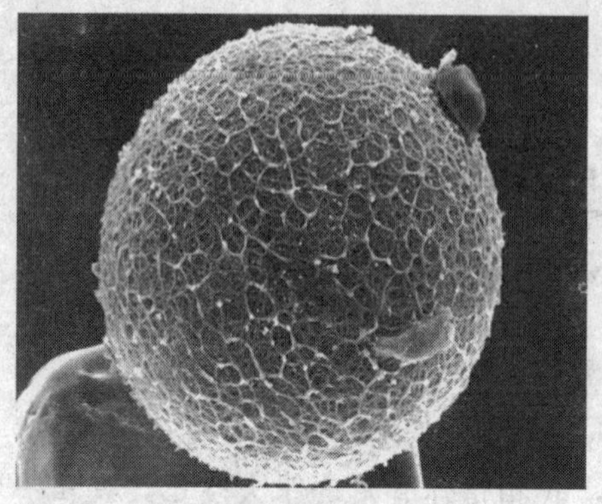

◆带有冠细胞的人类卵子

胞膜。卵子也是由细胞核、细胞质和细胞膜构成的。大小的话，精子约为0.05毫米，而卵子呢，是比较大的，直径约为0.1毫米。事实上，卵子是人体内最大的细胞。可见，精子和卵细胞结构很相似，但是大小相差很大，形状也不同。

那么，精子和卵子是如何结合形成受精卵的呢？下面，我们就来说说受精和妊娠。首先，精子传到

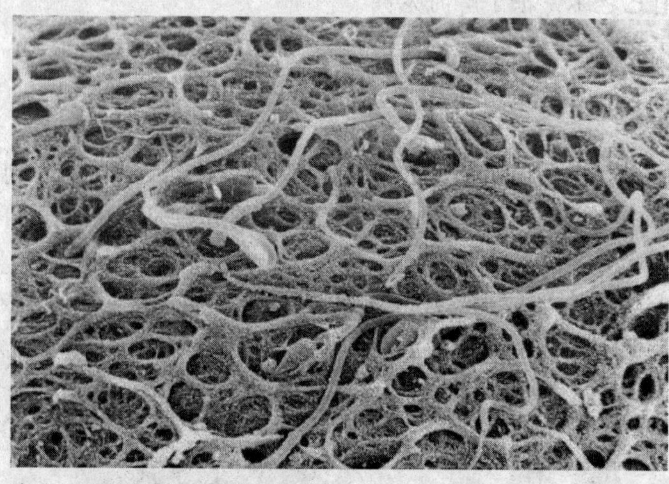

◆卵子表面的精子

女性的阴道里面，这些精子就会朝各个方向移动，其中一些精子就进入输卵管，如果这时精子与卵子相遇而结合，即精子头部的细胞核和卵子的细胞核融合在一起，那么这个过程就叫受精。精子和卵子结合就会形成受精卵，受精卵是我们人类最基础的细胞，是生命的起点。此后，受精卵就要向输卵管移动，在这个移动的过程中，受精卵就会逐渐分裂形成早期的胚胎。最终，受精卵会停留在子宫壁

> 使用结束后，为什么要等灯箱完全冷却后（约15分钟后）盖上绸布和外罩？

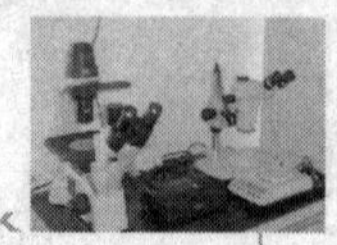

上着床，此时，就是怀孕或者妊娠了。受精卵开始分裂的时候，它的营养物质来自自身的卵黄。胚胎附着在子宫壁上之后，它的营养物质是来自母体。所以说，子宫是胚胎发育的场所。那么，胚胎在子宫内是如何发育的呢？

我国现在实施计划生育政策，已婚夫妇如果不想生育，怎样避孕呢？

1. 使用避孕药具；
2. 女性口服避孕药；
3. 男性使用安全套；
4. 男性或女性做结扎手术（切断输精管、输卵管）；
5. 万一避孕失败，可实施人工流产手术。

你知道吗？——胚胎在子宫内发育的过程

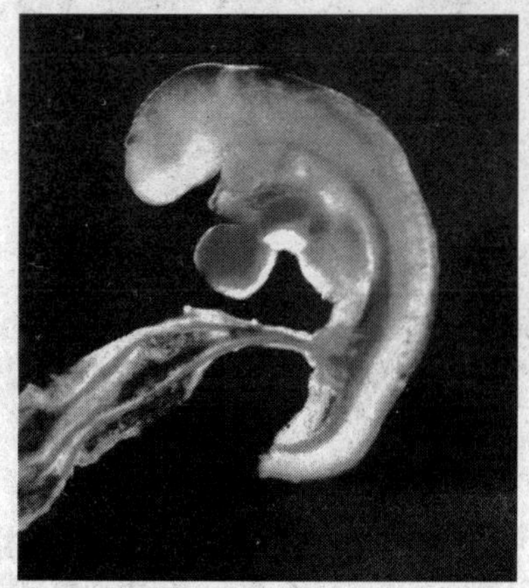

◆第一个月

别看我只有苹果的种子一样大，但我的心脏已经开始跳动了。

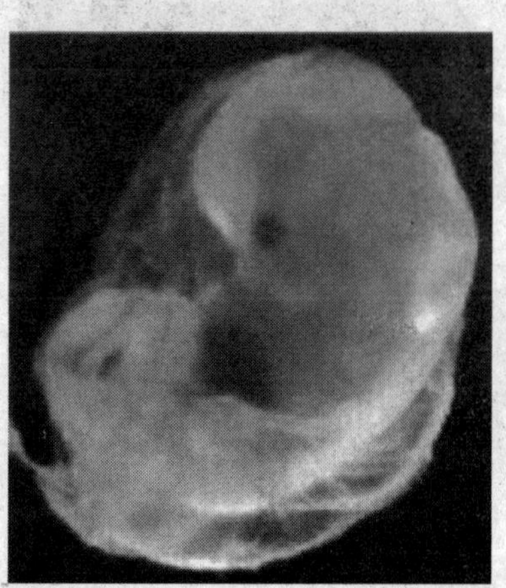

◆第二个月

你看，你看我有一个与身体不成比例的大头！可惜的是我只有葡萄般大小。

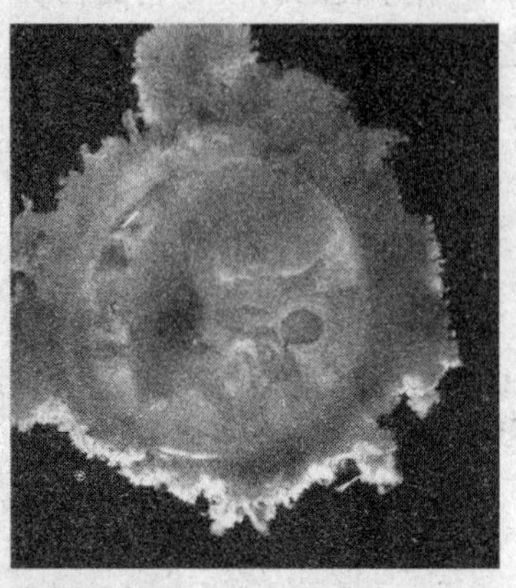

◆第三个月

我整天忙着在妈妈的肚子里做伸展运动，一会儿伸伸胳膊，一会儿踢踢腿，这是我与妈妈在打招呼呢！

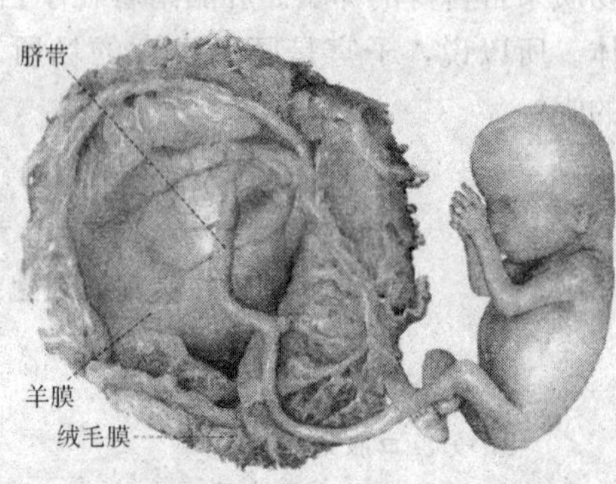

◆第四个月

你看，我差不多有妈妈的手掌那么大啦，第四个月可是我长牙根的关键时期，妈妈你要多吃含钙的食物，让我在你肚子里就长上坚固的牙根。

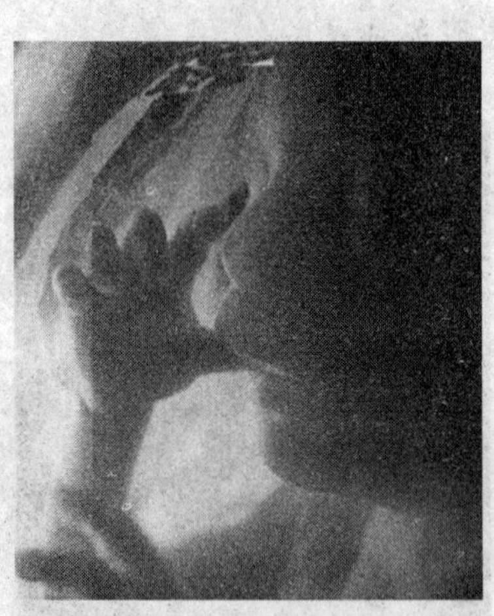

◆第五个月

妈妈可以通过B超知道我是男孩还是女孩啦！

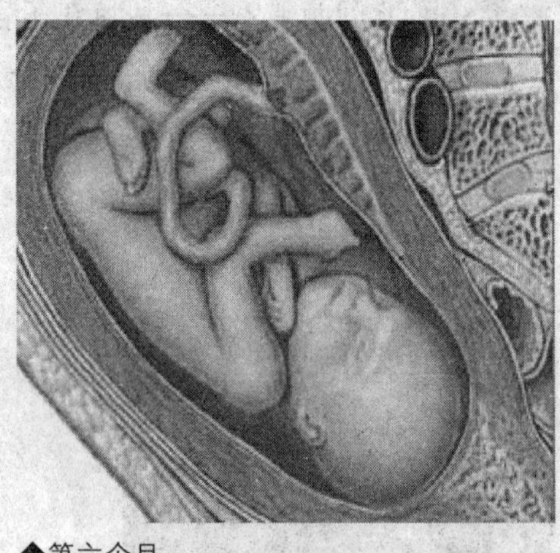

◆第六个月

看上去很象小宝宝的样子了吧！告诉你我已经能够辨认妈妈说话的声音啦！

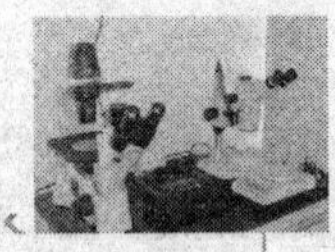

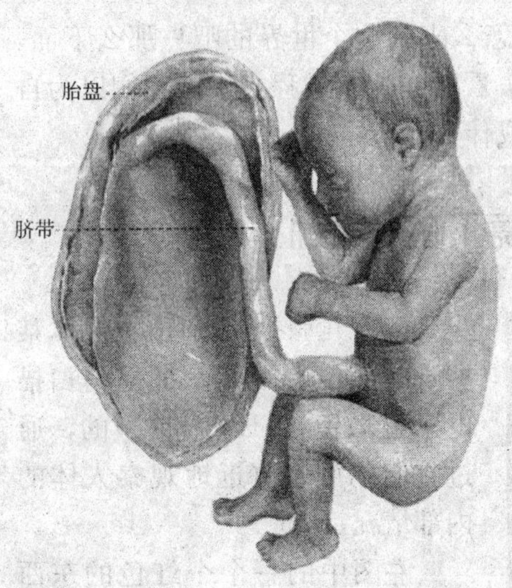

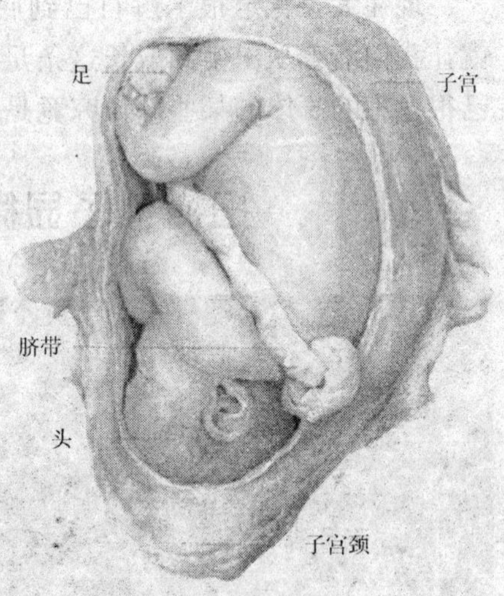

◆第七个月

这时的我已接近成熟，即使到了妈妈体外也可以生存啦。

◆第八个月

我的双腿不停地又蹬又蹦，害得妈妈晚上睡不好觉，你看我的头部已慢慢向妈妈子宫下方移动，我们快要见面啦！

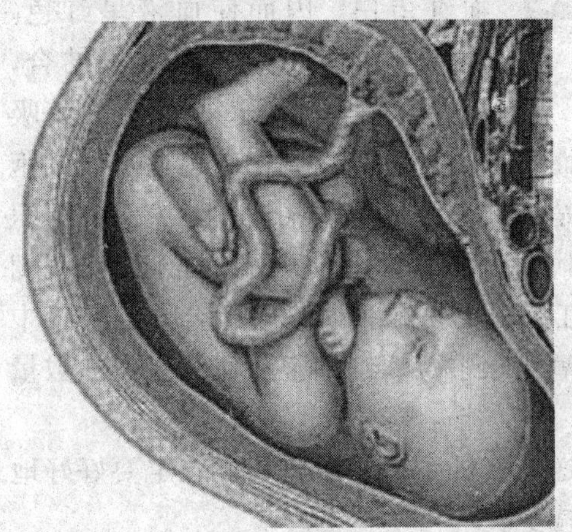

◆第九个月

一个好消息要告诉你，我从本月末起就已经是一个足月儿了，我随时准备和你们见面。

人从受精卵开始发育到胎儿从母体内产出约需280天（9个月）

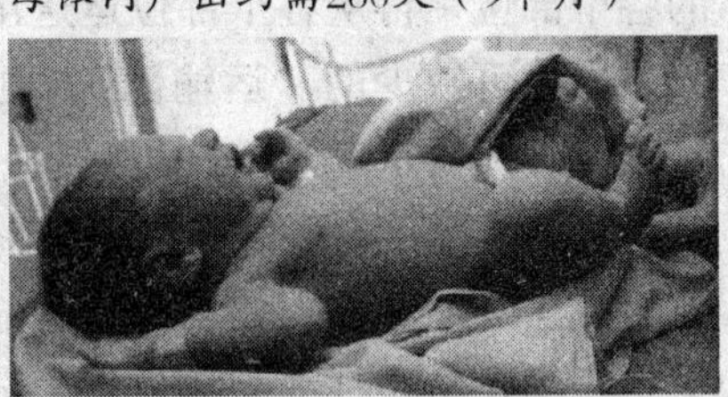

◆胎儿顺利产出

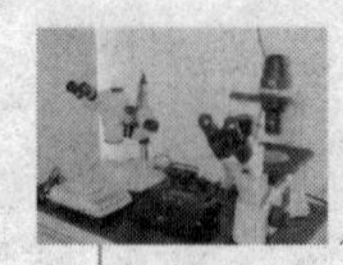

从宏观迈向微观的“使者”

现在大家肯定很了解自己到底是怎么来到这个世界的吧！那么下面，就让我们沿着从出生到成长这条足迹，看看在这个过程当中，我们以为自己很熟悉的身体的某些部位究竟是长成什么样子的呢？

扫描电子显微镜下的“我们”

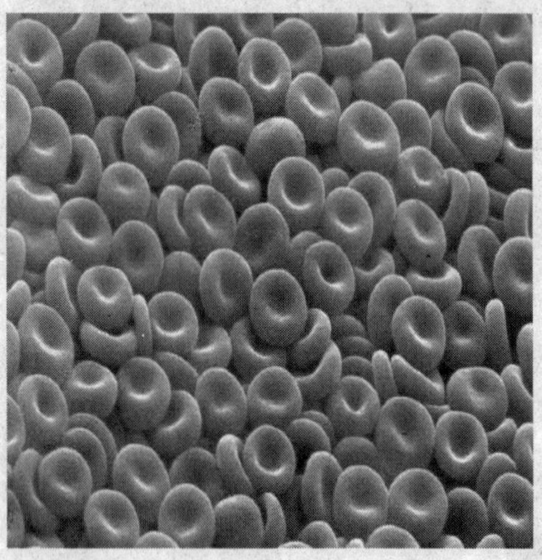

◆红细胞

以下几张令人惊异的人体某些身体部位的图片，都是用扫描电子显微镜（SEM）拍摄的，通过它们你可以更近地观察人体的内部情况。

左图中的一个个红色的东西很像肉桂色糖果，但事实上它们是人体里最普通的血细胞——红细胞。这种形状可以最大限度地从周围摄取氧气。红细胞中含有血红蛋白，因而使血液呈红色。血红蛋白能和空气中的氧结合，因此红细胞能通过血红蛋白将吸入肺泡中的氧运送给人体各组织，而组织中产生的二氧化碳也通过红细胞运到肺部并被排出体外。红细胞就是这样忠诚地把氧气运输给人身体组织的各个部位，再从各个部位运送出代谢产物二氧化碳，所以红细胞是我们人体内不可缺少的“运输队”。血红蛋白更易和一氧化碳相合，当空气中一氧化碳和含量增高时，可引起一氧化碳中毒。红细胞和血红蛋白的数量减少到一定程度时，称为贫血。

由于红细胞在人体内担任着输送氧气的重任，因此我们一定要好好地保护身体，防止红细胞数目的大量减少。

讲完了红细胞的重要性，我们来说说我们身上最长的毛发——头发。我们知道，头发除了使人增加美感之外，主要是保护头脑。夏天可防烈日，冬天可御寒冷。细软蓬松的头发具有弹性，可以抵挡较轻的碰撞，还可以帮助头部汗液的蒸发。一般人的头发约有 10 万根左右。不同部位的毛

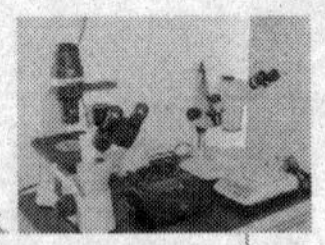

发长短与生长周期长短不同有关。眉毛和睫毛的生长周期仅为2个月，故较短。毛发的生长受遗传、健康状况、营养和激素水平等多种因素的影响。当然，如果对自己的头发不够“关心”，那么，你的头发就有可能出现发梢分叉的现象。如果不告诉你右图是一根分叉的头发在电镜下的样子，你是不是觉得它很像一根败坏的树枝呢？所以，为了防止自己的头发变成树枝一样粗糙，经常修剪和良好的护理是非常必要的。

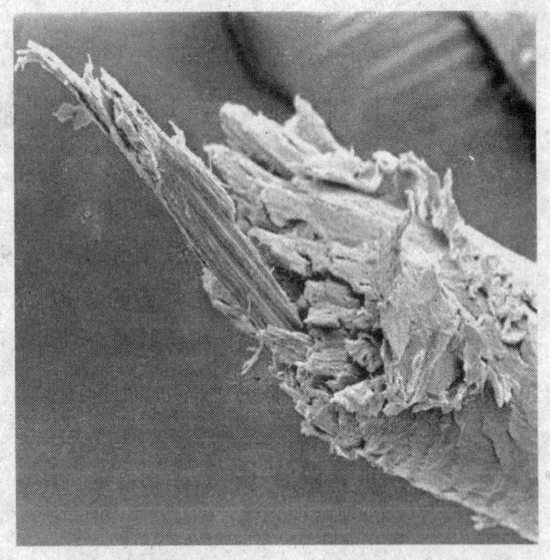

◆分叉的头发

下面，我们来看右边的图。你知道它是什么吗？对，它就是我们舌头上的味蕾。我们知道，人吃东西之所以能品尝出酸、甜、苦、辣等味道，就是因为舌头上有味蕾，它是味觉的感受器。正常成年人约有一万多个味蕾，绝大多数分布在舌头背面，尤其是舌尖部分和舌侧面，口腔的腭、咽等部位也有少量的味蕾。人吃东西时，通过咀嚼及舌、唾液的搅拌，味蕾受到不同味物质的刺激，将信息由味神经传送到大脑味觉中枢，便产生味觉，品尝出饭菜的滋味。

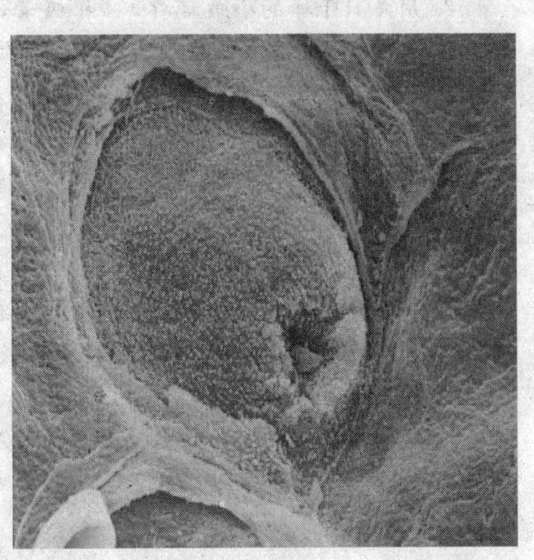

◆味蕾

你知道吗——人的味觉是如何产生的?

舌头上有味觉感受器——味蕾，能感受各种食物的刺激。当食物进入口腔内，食物中的一些化学物质溶于唾液中，味觉细胞接受刺激，通过神经将信息传到大脑，大脑分析后就知道食物的味道了。这就是形成味觉的过程。当然，舌的不同部位对甜、酸、苦、咸的敏感性是不同的。

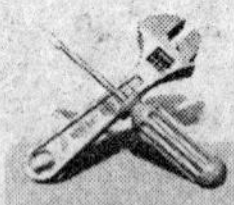

动手做一做

1. 拿一面镜子，仔细观察自己舌头的表面形态有什么特征。

2. 用4只干净的小玻璃杯，4根吸管，清水和少量的盐、糖、咖啡、食醋。请你设计一个实验方案去发现舌的哪些部位对甜、酸、苦、咸最为敏感。

1. 红细胞有细胞核吗，它的双凹盘状对我们人体来说有什么意义呢?

2. 人在感冒时，嗅觉的灵敏度降低了，味觉的灵敏度有时也会减弱?这说明了什么?

3. 婴儿刚出生时为什么要大声啼哭?

显微镜

重大事件——显微镜大记事

◆时钟

前面说了那么多关于显微镜的发明及其在某些领域的应用，下面，让我们系统地按照时间的顺序来看看研究显微镜这个巨大的工程项目究竟是如何一步一步地从小变大、从弱变强的。同时，也让大家看看科学家们花了多少心血来完成这项伟大的科学发明的。希望大家看了之后，能对自己的学习或者工作有点启发——任何事情的完成都是来之不易的，我们只有努力，只有用功，或者说只有坚持不懈，才会到达成功的彼岸。

光学显微镜构造的发展

早在公元前 1 世纪，人们就已发现通过球形透明物体去观察微小物体时，可以使其放大成像。后来逐渐对球形玻璃表面能使物体放大成像的规律有了认识。比如在《墨经》里面就记载了能放大物体的凹面镜。至于凸透镜是什么时候发明的，可能已经无法考证。凸透镜——有的时候人们把它称为“放大镜”——能够聚焦太阳光，也能让你看到放大后的物体，这是因为凸透镜能够把光线偏折。你通过凸透镜看到的其实是一种幻觉，严格的说，叫虚像。当物

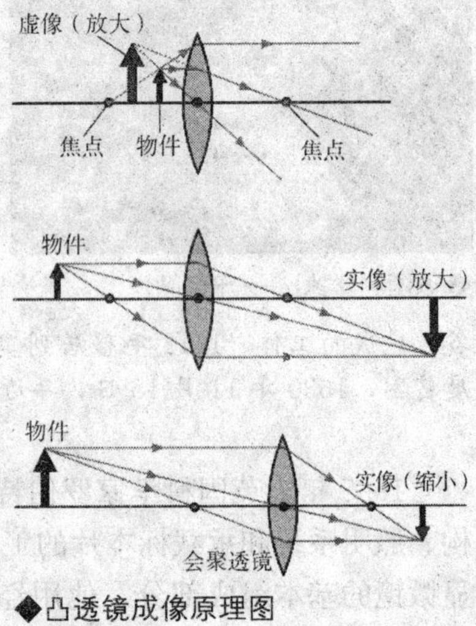

◆凸透镜成像原理图

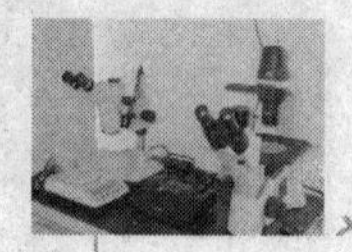

体发出的光通过凸透镜的时候，光线会以特定的方式偏折。当我们看到那些光线的时候，会不自觉地认为它们仍然是沿笔直的路线传播。结果，物体就会看上去比原来大。

1590年，荷兰和意大利的眼镜制造者已经造出类似显微镜的放大仪器。

1610年前后，德国天文学家开普勒（Kepler）和意大利的伽利略在研究望远镜的同时，改变物镜和目镜之间的距离，得出合理的显微镜光路结构，当时的光学工匠遂纷纷从事显微镜的制造、推广和改进。

名人介绍——伟大的开普勒

◆德国科学家——开普勒

开普勒（Johannes Kepler，1571年～1630年）德国天文学家、光学家。1571年12月27日生于德国魏尔，父亲早年弃家出走，母亲脾气极坏。他是七个月的早产儿，从小体弱多病，4岁时的天花在脸上留下瘢痕，猩红热使眼睛受损，高度近视，一只手半残，又瘦又矮。但他勤奋努力，智力过人，一直靠奖学金求学。1587年进入蒂宾根大学学习神学与数学。他是热心宣传哥白尼学说的天文学米海尔·麦斯特林的得意门生，1591年取得硕士学位。1594年，应奥地利南部格拉茨的路德派高校之聘讲授数学。1600年被聘请到布拉格近郊的邦拉基堡天文台，任第谷的助手。1601年第谷去世后，开普勒继承了宫廷数学家的职位和第谷未完成的工作。1612年移居到奥地利的林茨，继续研究天文学。晚年生活极度贫困，1630年11月15日，年近花甲的他在索薪途中病逝于雷根斯堡。

1665年，英国科学家罗伯特·胡克在显微镜中加入粗动和微动调焦机构、照明系统和承载标本片的工作台，这些部件经过不断改进，成为现代显微镜的基本组成部分。他用经过他改造的显微镜观察软木切片的时候，

惊奇地发现其中存在着一个一个“单元”结构。胡克把它们称作“细胞”。

1674年列文虎克发现原生动物学的报道问世，并于9年后成为首位发现“细菌”存在的人。列文虎克制成单组元放大镜式的高倍显微镜，其中九台保存至今。列文虎克制造的显微镜让人们大开眼界。列文虎克自幼学习磨制眼镜片的技术，热衷于制造显微镜。他制造的显微镜其实就是一片凸透镜，而不是复合式显微镜。不过，由于他的技艺精湛，磨制的单片显微镜的放大倍数将近300倍，超过了以往任何一种显微镜。当列文虎克把他的显微镜对准一滴雨水的时候，他惊奇地发现了其中令人惊叹的小小世界：无数的微生物游曳于其中。他把这个发现报告给了英国皇家学会，引起了一阵轰动。列文虎克的成就是制造出了高质量的凸透镜镜头。

◆罗伯特·胡克设计的显微镜

列文虎克善于观察身边的事物，就连一滴小小的雨水，也能够激起他研究的兴趣。所以我们应该时刻留心观察身边的事物，说不定我们也能有意想不到的收获呢！

在接下来的两个世纪中，复合式显微镜得到了充分的完善，例如人们发明了能够消除色差（当不同波长的光线通过透镜的时候，它们折射的方向略有不同，这导致了成像质量的下降）和其他光学误差的透镜组。与19世纪的显微镜相比，现在我们使用的普通光学显微镜基本上没有什么改进。原因很简单：光学显微镜已经达到了分辨率的极限。如果仅仅在纸上画图，你自然能够“制造”出任意放大倍数的显微镜。但是光的波

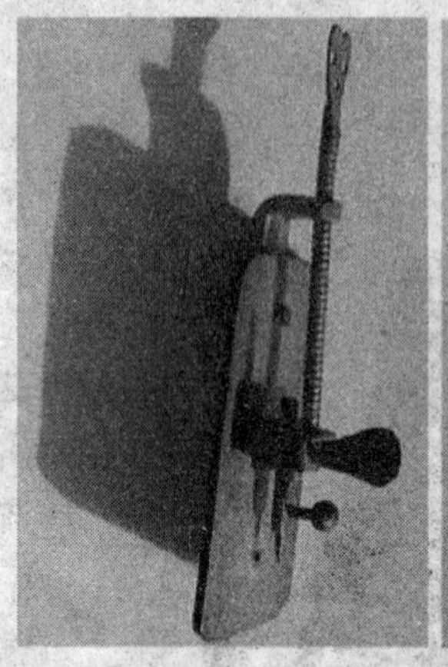

◆列文虎克制造的显微镜

动性将毁掉你完美的发明。即使消除掉透镜形状的缺陷，任何光学仪器仍然无法完美地成像。人们花了很长时间才发现，光在通过显微镜的时候要发生衍射——简单地说，物体上的一个点在成像的时候不会是一个点，而是一个衍射光斑。如果两个衍射光斑靠得太近，你就没法把它们分辨开来。显微镜的放大倍数再高也无济于事了。对于使用可见光作为光源的显微镜，它的分辨率极限是0.2微米。任何小于0.2微米的结构都没法识别出来。

原理介绍

光的波动性

1. 光的干涉：

两列光波在空中相遇时发生叠加，在某些区域总加强，某些区域减弱，出现相间的条纹或者彩色条纹的现象。

2. 光的衍射：

(1) 各种不同形状的障碍物都能使光发生衍射。

(2) 发生明显衍射的条件是：障碍物（或孔）的尺寸可以跟波长相比，甚至比波长还小。

(3) 衍射现象：明暗相间的条纹或彩色条纹。

“科学之眼”越来越亮
——电子显微镜的发明

提高显微镜分辨率的途径之一就是设法减小光的波长，或者，用电子束来代替光。根据德布罗意的物质波理论，运动的电子具有波动性，而且速度越快，它的“波长”就越短。如果能把电子的速度加到足够高，并且汇聚它，就有可能用来放大物体。

◆恩斯特·罗斯卡
(Ernst Ruska)

◆盖尔德·宾尼
(Gerd Binnig)

◆海因里希·罗勒
(Heinrich Rohrer)

1938年，德国工程师马克斯·克诺尔（Max Knoll）和恩斯特·罗斯卡（Ernst Ruska）制造出了世界上第一台透射电子显微镜（TEM）。1952年，英国工程师查尔斯·欧特利（Charles Oatley）制造出了第一台扫描电子显微镜（SEM）。电子显微镜是20世纪最重要的发明之一。由于电子的速度可以加到很高，电子显微镜的分辨率可以达到纳米级。很多在可见光下看不见的物体，例如病毒，

◆扫描隧道显微镜下的单个原子构成的“IBM”字样

◆高精度扫描隧道显微镜

都可以在电子显微镜下现出原形。

用电子代替光，这或许是一个反常规的主意。但是还有更令人吃惊的。1983 年，IBM 公司苏黎世实验室的两位科学家盖尔德·宾尼（Gerd Binnig）和海因里希·罗勒（Heinrich Rohrer）发明了所谓的扫描隧道显微镜（STM）。这种显微镜比电子显微镜更激进，它完全摆脱了传统显微镜的概念。

很显然，你不能直接“看到”原子。因为原子与宏观物质不同，它不是光滑的、滴溜乱转的削球，更不是达·芬奇绘画时候所用的模型。扫描隧道显微镜依靠所谓的“隧道效应”工作。如果舍弃复杂的公式和术语，这个工作原理其实很容易理解。扫描隧道显微镜没有镜头，它使用一根探针。探针和物体之间加上电压。如果探针距离物体表面很近——大约在纳米级的距离上——隧道效应就会起作用。电子会穿过物体与探针之间的空隙，形成一股微弱的电流。如果探针与物体的距离发生变化，这股电流也会相应地改变。这样，通过测量电流我们就能知道物体表面的形状，分辨率可以达到单个原子的级别。

因为这项奇妙的发明，宾尼和罗勒获得了 1986 年的诺贝尔物理学奖。这一年还有一个人分享了诺贝尔物理学奖，那就是电子显微镜的发明者罗斯卡。

细胞学说

细胞学说是 1838～1839 年由德国的植物学家施莱登（Schlieden）和动物学家施旺（Schwann）所提出，直到 1858 年才较完善。它是关于生物有机体组成的学说，主要内容有：

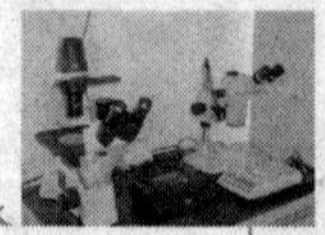

1. 细胞是有机体，一切动植物都是由单细胞发育而来，即生物是由细胞和细胞的产物所构成。

2. 所有细胞在结构和组成上基本相似。

3. 新细胞是由已存在的细胞分裂而来。

4. 生物的疾病是因为其细胞功能失常。

5. 细胞是生物体结构和功能的基本单位。

6. 生物体是通过细胞的活动来反映其功能的。

7. 细胞是一个相对独立的单位，既有它自己的生命，又对于其他细胞共同组成的整体的生命起作用。

8. 新的细胞可以由老的细胞产生。

在显微镜下发现的“秘密”

19 世纪，高质量消色差浸液物镜的出现，使显微镜观察微细结构的能力大为提高。1827 年阿米奇第一个采用了浸液物镜。

1833 年，布朗（Brown）：在显微镜下观察紫罗兰，随后发表他对细胞核的详细论述。

1838 年，施莱登和施旺（Schlieden and Schwann）：皆提倡细胞学原理，其主旨即为“有核细胞是所有动植物的组织及功能之基本元素”。

1857 年，寇利克（Kolliker）：发现肌肉细胞中之线粒体。

1876 年，阿贝（Abbe）：剖析影像在显微镜中成像时所产生的绕射作用，试图设计出最理想的显微镜。19 世纪 70 年代，德国人阿贝奠定了显微镜成像的古典理论基础。这些都促进了显微镜制造和显微观察技术的迅速发展，并为 19 世纪后半叶包括科赫、巴斯德等在内的生物学家和医学家发现细菌和微生物提供了有力的工具。

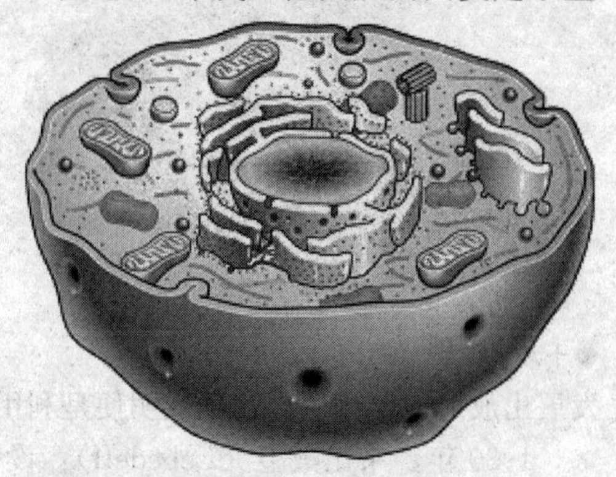

◆施莱登和施旺提出的细胞构造

1879 年，佛莱明（Flrmming）：发现了当动物细胞在进行有丝分裂时，其染色体的活动是清晰可见的。

显微镜

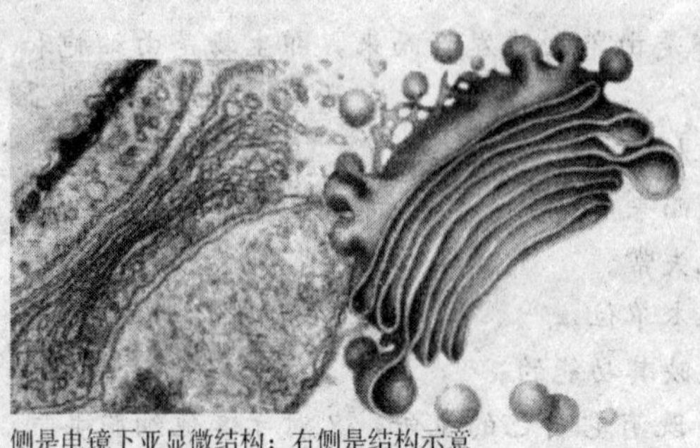

◆高尔基体在电镜下的亚显微结构及其结构示意图

1881 年，芮祖（Retziue）：动物组织报告问世，此项发表在当世尚无人能凌驾逾越。然而在 20 年后，却有以卡嘉尔（Cajal）为首的一群组织学家发展出显微镜染色观察法，此举为日后的显微解剖学立下了基础。

1882 年，寇克（Koch）：利用苯胺染料对微生物组织进行染色，由此他发现了霍乱及结核杆菌。往后 20 年间，其他的细菌学家，像克莱柏和帕斯特（Klebs and Pasteur）藉由显微镜下检视染色药品而证实许多疾病的病因。

1886 年，蔡氏（Zeiss）：打破一般可见光理论上的极限，他的发明——阿比式及其他一系列的镜头为显微学者另辟一新的解像天地。

1898 年，高尔基（Golgi）：首位发现细菌中高尔基体的显微学家。他将细胞用硝酸银染色而成就了人类细胞研究上的一大步。

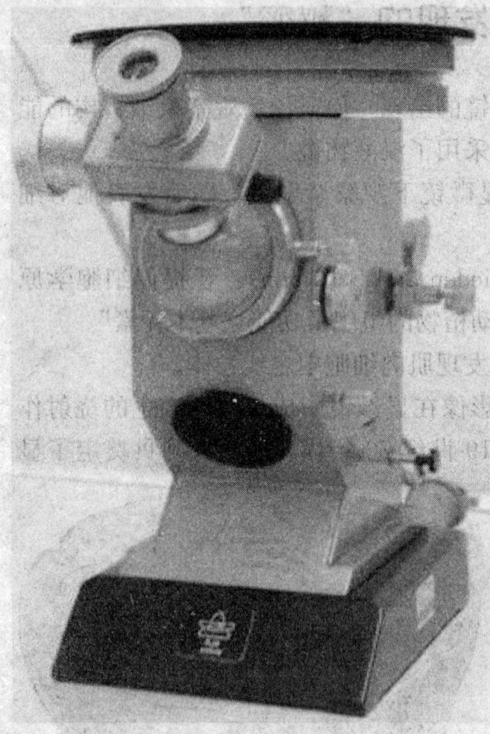
◆干涉显微镜

1924 年，兰卡辛（Lacassagne）：与其实验工作伙伴共同发展出放射线照相法，这项发明便是利用放射性钋元素来探查生物标本。

1930 年，莱比戴卫（Lebedeff）：设计并搭配第一架干涉显微镜。另外由卓尼柯（Zernicke）在 1932 年发明出相位差显微镜，两人将传统光学

显微镜延伸发展出来的相位差观察使生物学家得以观察染色活细胞上的种种细节。

1941 年，昆氏（Coons）：将抗体加上荧光染色剂用以侦测细胞抗原。

1952 年，诺马斯基（Nomarski）：发明干涉相位差光学系统。此项发明不仅享有专利权并以发明者本人命名。

1981 年，艾伦及艾纽（Allen and Inoue）：将光学显微原理上的影像增强对比，发展趋于完美境界。

1988 年，共轭焦（Confocal）扫描显微镜在行业中被广为使用。

以上，我们简单介绍了显微镜的发展历程和显微技术在科学上的一些研究成果。相信在不久的将来，我们一定能够制造出放大倍数更大，清晰度更强的“超级显微镜”。就让我们一起拭目以待吧！

1. 你知道日常生活中见到的光是由什么组成的？
2. 光子是如何产生的？它有什么特点？
3. 光学显微镜和电子显微镜的根本差别是什么？

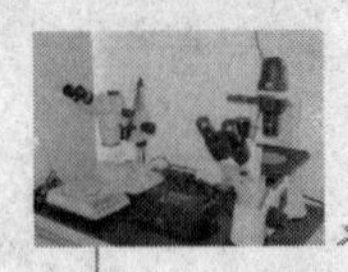

生命的美丽和复杂
——近十年微观摄影最佳照片集

◆拍照

据美国媒体报道，尼康公司于20世纪70年代中期开始举办一年一度的微观世界显微镜照相比赛，目的是为了从全世界募集在生命科学、生物研究、材料科学等领域作出重要贡献的优秀显微镜摄影家的作品。此项竞赛旨在展现“通过光学显微镜看到生命的美丽和复杂性”。

2009年10月8日，2009年度尼康微观世界显微镜照相比赛圆满结束，在入围的2000多幅作品中，由爱沙尼亚塔林理工大学的摄影师、植物学家海蒂·帕维斯拍摄的“雄株植物生殖器官”脱颖而出，拔得头筹。照片作者帕维斯表示这张照片是自己数千张照片中最具艺术性的作品。

微观摄影照片所表达的思想完全源于另一个世界，微妙而美丽。这种感觉并不易表达出来，有时候微距拍摄比一般拍摄要难很多。以下是历年来获得尼康微观摄影大赛最佳照片的优秀作品，让我们在领略摄影师们高度的拍摄技巧和艺术品鉴力的同时，能够初步了解显微镜照相技术30多年来的发展进步。

近十年最佳图片集

1. 2009年最佳图片：植物生殖器官。

这是一幅雄株芥末类植物拟南芥的生殖器官图片。科学家通过显微

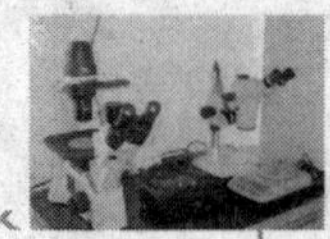

镜，将其放大了20倍，人们才得以看到它的真面目。拟南芥是第一种完成全部基因组序列测定的高等植物，常常被科研人员当作模板来研究。

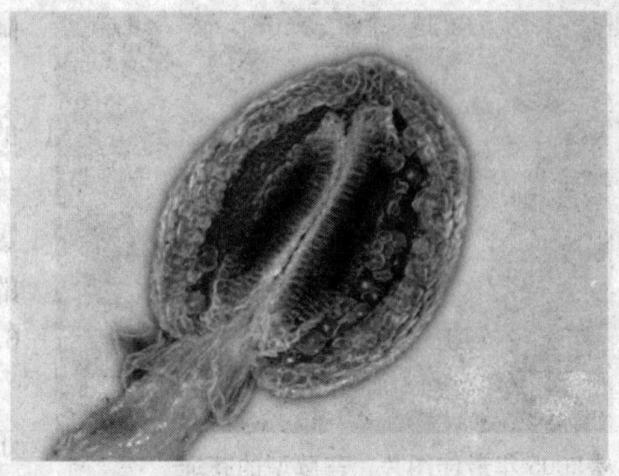

◆2009年最佳图片：植物生殖器官

2. 2008年最佳图片：硅藻彩虹。

英国显微镜学家迈克尔·斯特林格拍摄。在显微镜下才能看到的硅藻，是藻类的一种，其内部是扭曲的强壮有力的纤维。通过偏振光过滤拍摄，纤维被人工着以彩虹般的夺目颜色。

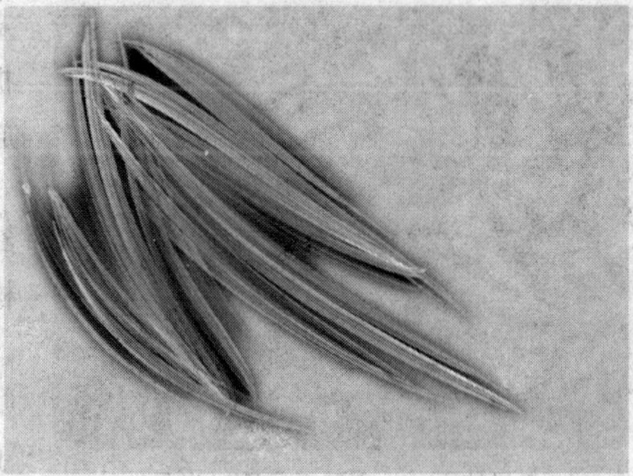

◆2008年最佳图片：硅藻彩虹

3. 2007年最佳图片：转基因老鼠胚胎。

美国纽约斯隆·凯特琳记忆研究所摄影师格洛里亚·科万拍摄的生长了18.5天的双转基因老鼠胚胎赢得2007年头名。他所拍摄的是双重转基因小鼠胚胎，放大17倍。图像荧光物质是蛋白质，其中还包括深红色的胎盘。胚胎本身显现荧光红色。除此作品之外，格洛里亚·科万还有一个青蛙胚胎的作品获得第七名。

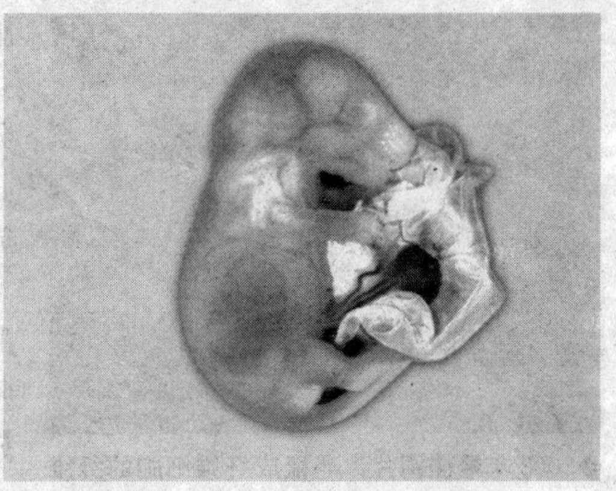

◆2007年最佳图片：转基因老鼠胚胎

4. 2006年最佳图片：老鼠的结肠。

英国邓迪大学摄影师保罗·

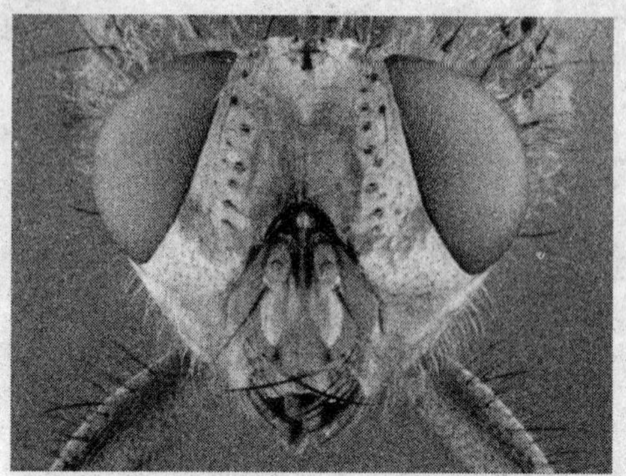
◆2005 年最佳图片：苔藓型的苍蝇

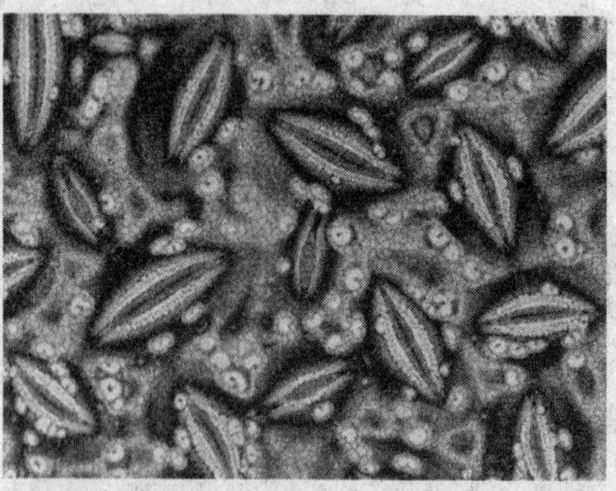
◆2004 年最佳图片：量子原子团纳米晶体

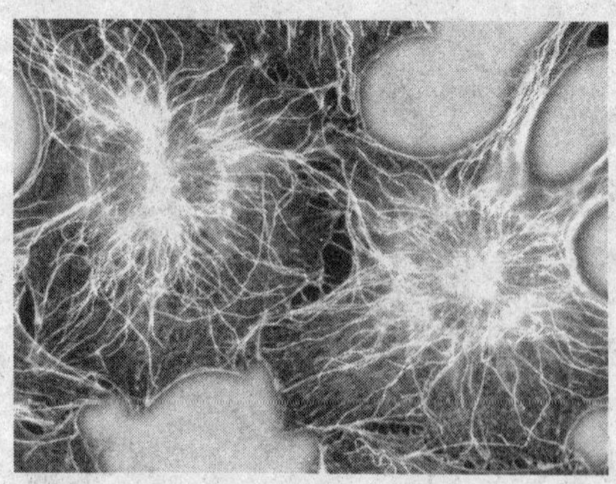
◆2003 年最佳图片：老鼠成纤维细胞的纤维肌蛋白和微管结构蛋白

阿普尔顿拍摄，放大了 740 倍。

5. 2005 年最佳图片：苔藓型的苍蝇。

美国华盛顿州伊萨夸市的摄影师查尔斯·克莱伯斯兄弟拍摄的普通家蝇图片，放大了 6.25 倍。

6. 2004 年最佳图片：量子原子团纳米晶体。

美国麻省理工学院物理学家塞思·沙利文拍摄的放置在硅基板上的量子原子团纳米晶体图片，放大了 200 倍。

7. 2003 年最佳图片：老鼠成纤维细胞的纤维肌蛋白和微管结构蛋白。

美国斯克利普斯研究所摄影师托尔斯滕·惠特曼拍摄，放大了 1000 倍。

8. 2002 年最佳图片：老鼠小脑的矢状切面。

美国加利福尼亚大学圣迭戈分校国家显微镜技术成像研究中心摄影师托马斯一德林克拍摄，放大了 40 倍。

9. 2001 年最佳图片：湖水中的轮虫在残骸中觅食。英国摄影师哈洛德·泰勒·肯斯沃斯拍摄，放大了 200 倍。

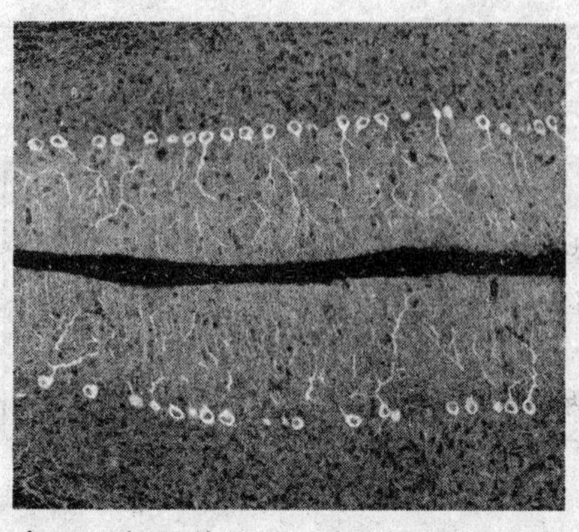

◆2002 年最佳图片：老鼠小脑的矢状切面

◆2001 年最佳图片：湖水中的轮虫在残骸中觅食

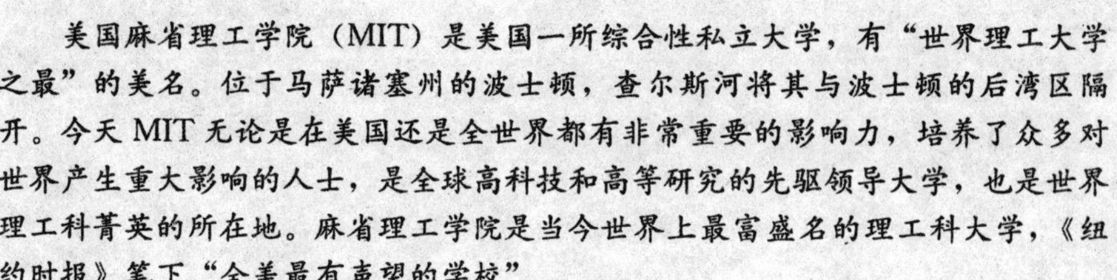

你知道吗?

美国麻省理工学院（MIT）是美国一所综合性私立大学，有“世界理工大学之最”的美名。位于马萨诸塞州的波士顿，查尔斯河将其与波士顿的后湾区隔开。今天 MIT 无论是在美国还是全世界都有非常重要的影响力，培养了众多对世界产生重大影响的人士，是全球高科技和高等研究的先驱领导大学，也是世界理工科菁英的所在地。麻省理工学院是当今世界上最富盛名的理工科大学，《纽约时报》笔下“全美最有声望的学校”。

为什么很多科学实验都用老鼠呢?

1. 老鼠的数量很多，易得。最重要的是老鼠跟人有很相进的亲源关系，且其形状与人类等具有很多通性。

2. 老鼠的基因和人的相差很少，甚至很接近，研究老鼠就如同研究人类。

3. 小鼠生长旺盛，代谢快，实验效果明显。

1. 你知道植物的生殖器官是由哪些部分组成的?

2. 如果要对一头小老鼠做科学实验，那么在实验前，我们需要做哪些准备工作呢?

3. 你知道什么样的材料我们叫它纳米材料吗?

小小放大器

——光学显微镜

在第一篇中，我们介绍了显微镜的发展历程，但是大家对于显微镜的结构、成像原理和类型等肯定都不是特别了解。那么，在这一篇中，我们就着重来向大家介绍显微镜界的鼻祖——光学显微镜，我们会很清楚地了解各种光学显微镜的成像原理，仪器各自不同的用途以及为什么小小的细胞在显微镜下面就能看得如此清晰。

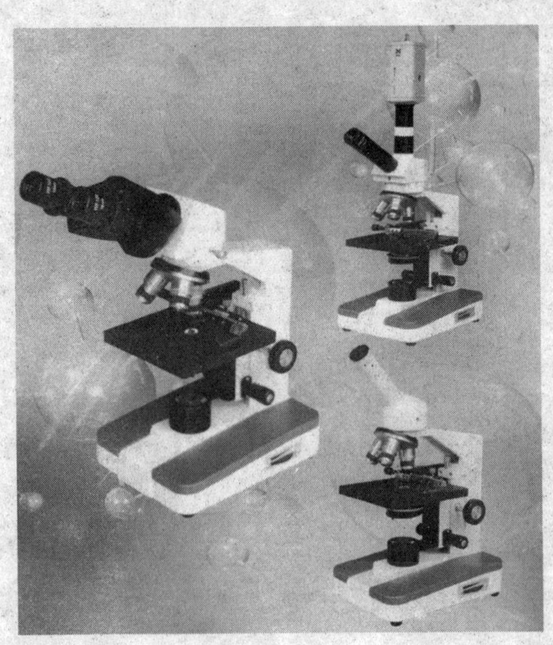

神奇的放大器
——光学显微镜

光学显微镜，顾名思义，这种显微镜肯定是和光有关的。那么，到底光学显微镜是如何利用光来观察微小的物体的呢？这种光是我们平时天天看得到的太阳光还是可以有其他的一些光——比如红外线、紫外线等？光学显微镜的基本构造和成像原理又是怎样的？光学显微镜又有哪些分类？不要急，本节将一一为大家道来。

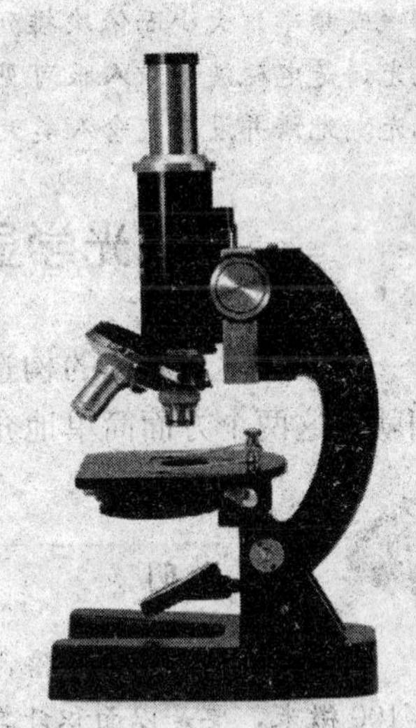

◆普通的光学显微镜

光学显微镜的成像原理

如果只用一片目镜的话，放大本领一般不超过20倍，在某些应用上仍嫌太小，欲进一步提高放大本领，需要用组合的光具组构成放大镜，这种放大镜称为显微镜。最简单的显微镜是由两组透镜构成的，一组为焦距很短的物镜，另一组是目镜，通常用惠更斯目镜。被观察物体位于物镜的前方，被物镜作第一级放大后成一倒立的实像，然后此实像再被目镜作第二级放大，成一虚像，人眼看到的就是虚像。而显微镜的总放大倍率就是物镜放大倍率和目镜放大倍率的乘积。

光学显微镜是利用光学原理，把人眼所不能分辨的微小物体放大成像，以供人们提取微细结构信息的光学仪器。

知识库——什么是光谱？

光谱是复色光经过色散系统（如棱镜、光栅）分光后，被色散开的单色光按波长（或频率）大小而依次排列的图案，全称为光学频谱。光谱中最大的一部分可见光谱是电磁波谱中人眼可见的一部分，在这个波长范围内的电磁辐射被称作可见光。光谱并没有包含人类大脑视觉所能区别的所有颜色，譬如褐色和粉红色。

光学显微镜的基本构造

一般说光学显微镜的构造，主要讲它的光学系统和机械装置。下面，我们就从这两个方面简单地介绍一下光学显微镜的基本构造。

举例说明

例：放大倍数为100倍，指的是长度是1微米的标本，放大后像的长度是100微米，要是以面积计算，则放大至10000倍。

例：10倍物镜上标有10/0.25和160/0.17，其中10为物镜的放大倍数；0.25为数值孔径；160为镜筒长度（单位：毫米）；0.17为盖玻片的标准厚度（单位：毫米）

一、显微镜的光学系统

显微镜的光学系统主要包括物镜、目镜、反光镜和聚光器四个部件。广义地说也包括照明光源、滤光器、盖玻片和载玻片等。

（一）物镜

物镜是决定显微镜性能的最重要部件，安装在物镜转换器上，接近被观察的物体，故称为物镜。物镜根据使用条件的不同可分为干燥物镜和浸

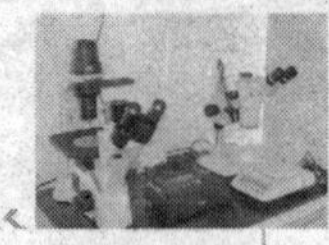

液物镜；其中浸液物镜又可分为水浸物镜和油浸物镜（常用放大倍数为 90～100 倍）。

根据放大倍数的不同可分为低倍物镜（10 倍以下）、中倍物镜（20 倍左右）和高倍物镜（40～65 倍）。根据像差矫正情况，分为消色差物镜（常用，能矫正光谱中两种色光的色差的物镜）和复色差物镜（能矫正光谱中三种色光的色差的物镜，价格贵，使用少）。

◆放大倍数为 5 的目镜

物镜主要参数包括：放大倍数、数值孔径和工作距离。

①放大倍数是指眼睛看到像的大小与对应标本大小的比值。它指的是长度的比值而不是面积的比值。显微镜的总放大倍数等于物镜和目镜放大倍数的乘积。

②数值孔径也叫镜口率，简写 NA 或 A，是物镜和聚光器的主要参数，与显微镜的分辨力成正比。干燥物镜的数值孔径为 0.05～0.95，油浸物镜（香柏油）的数值孔径为 1.25。

③工作距离是指当所观察的标本最清楚时物镜的前端透镜下面到标本的盖玻片上面的距离。物镜的工作距离与物镜的焦距有关，物镜的焦距越长，放大倍数越低，其工作距离越长。10 倍物镜有效工作距离为 6.5 毫米，40 倍物镜有效工作距离为 0.48 毫米。

物镜的作用是将标本作第一次放大，它是决定显微镜性能的最重要的部件——分辨力的高低。显微镜的分辨力的大小由物镜的分辨力来决定的，而物镜的分辨力又是由它的数值孔径和照明光线的波长决定的。

（二）目镜

因为目镜靠近观察者的眼睛，因此也叫接目镜。安装在镜筒的上端。通常目镜由上下两组透镜组成，上面的透镜叫接目透镜，下面的透镜叫会聚透镜或场镜。上下透镜之间或场镜下面装有一个光阑（它的大小决定了视场的大小），因为标本正好在光阑面上成像，可在这个光阑上粘一小段毛发作为指针，用来指示某个特点的目标。也可在其上面放置目镜测微尺，用来测量所观察标本的大小。目镜的长度越短，放大倍数越大（因目镜的放大倍数与目镜的焦距成反比）。

目镜是将已被物镜放大的，分辨清晰的实像进一步放大，达到人眼能容易分辨清楚的程度。常用目镜的放大倍数为5～16倍。

物镜已经分辨清楚的细微结构，假如没有经过目镜的再放大，达不到人眼所能分辨的大小，那就看不清楚；但物镜所不能分辨的细微结构，虽然经过高倍目镜的再放大，也还是看不清楚，所以目镜只能起放大作用，不会提高显微镜的分辨率。有时虽然物镜能分辨开两个靠得很近的物点，但由于这两个物点的像的距离小于眼睛的分辨距离，还是无法看清。所以，目镜和物镜既相互联系，又彼此制约。

知识窗

分辨力

分辨力也叫分辨率或分辨本领。分辨力的大小是用分辨距离（所能分辨开的两个物点间的最小距离）的数值来表示的。在明视距离（25厘米）之处，正常人眼所能看清相距0.073毫米的两个物点，这个0.073毫米的数值，即为正常人眼的分辨距离。显微镜的分辨距离越小，即表示它的分辨力越高，也就是表示它的性能越好。

小小说明

在中学实验室只有教师用显微镜（1600或1500）才配有聚光器，学生用显微镜（640或500）配的是旋转光阑。紧贴在载物台下，能做圆周转动的圆盘，就是旋转光阑（也称为遮光器），光阑上有大小不等的圆孔，叫光圈，直径分别为2、3、6、12、16毫米，转动旋转光阑，光阑上每个光圈都可以对正通光孔，通过大小不等的光圈来调节光线的强弱。

（三）反光镜

反光镜是一个可以随意转动的双面镜，直径为50毫米，一面为平面，一面为凹面，其作用是将从任何方向射来的光线经通光孔反射上来。平面

镜反射光线的能力较弱，是在光线较强时使用，凹面镜反射光线的能力较强，是在光线较弱时使用。观察完毕后，应将反光镜垂直放置。

（四）照明光源

显微镜的照明可以用天然光源或人工光源。天然光源的光线来自天空，最好是由白云反射来的。不可利用直接照来的太阳光。人工光源的光线来自显微镜灯或者日光灯。

◆反光镜

（五）盖玻片和载玻片

盖玻片和载玻片的表面应相当平坦，无气泡，无划痕。最好选用无色，透明度好的，使用前应洗净。

盖玻片的标准厚度是（0.17±0.02）毫米，如不用盖玻片或盖玻片厚度不合适，都会影响成像质量。载玻片的标准厚度是（1.1±0.04）毫米，一般可用范围是1～1.2毫米，若太厚会影响聚光器效能，太薄则容易破裂。

◆载玻片

二、显微镜的机械装置

显微镜的机械装置是显微镜的重要组成部分。其作用是固定与调节光学镜头，固定与移动标

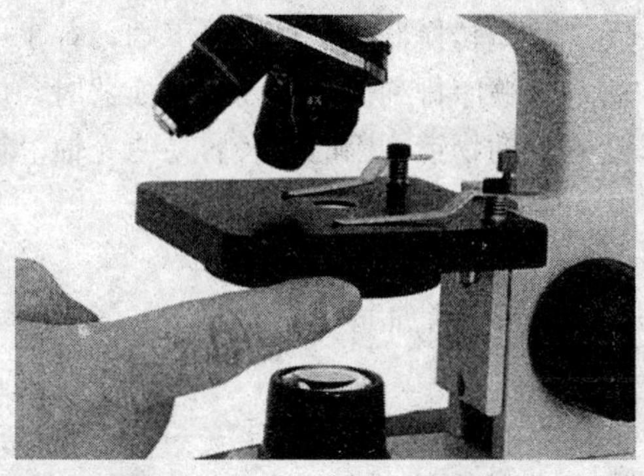

◆显微镜载物台

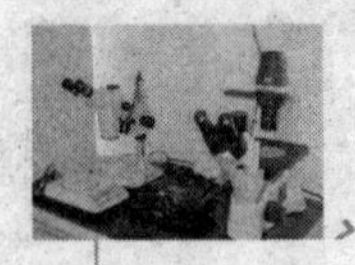

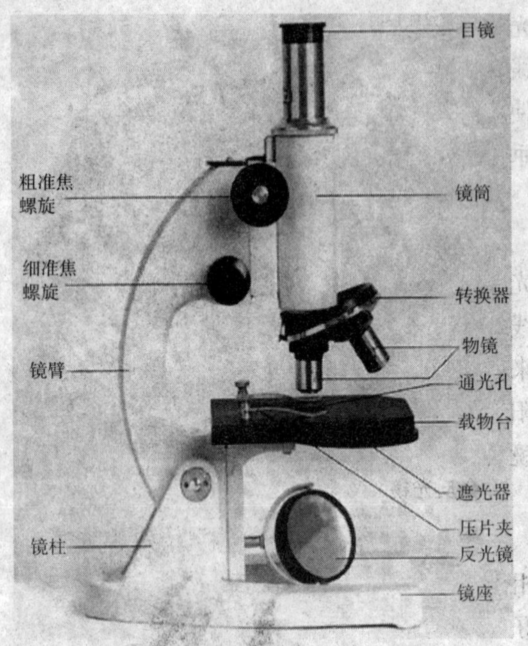

◆显微镜的构造示意图

本等。主要由镜座、镜臂、载物台、镜筒、物镜转换器与调焦装置组成。镜座和镜臂，镜座的作用是支撑整个显微镜，装有反光镜，有的还装有照明光源。镜臂的作用是支撑镜筒和载物台。

载物台作用是安放载玻片，形状有圆形和方形两种。中心有一个通光孔，通光孔后方左右两侧各有一个安装压片夹用的小孔。有的载物台的纵横坐标上都装有游标尺，一般读数为0.1毫米，游标尺可用来测定标本的大小，也可用来对被检部分作标记。镜筒上端放置目镜，下端连接物镜转换器。安装目镜的镜筒，有单筒和双筒两种。单筒又可分为直立式和倾斜式两种，双筒则都是倾斜式的。其中双筒显微镜，两眼可同时观察以减轻眼睛的疲劳。双筒之间的距离可以调节，而且其中有一个目镜有屈光度调节（即视力调节）装置，便于两眼视力不同的观察者使用。

物镜转换器固定在镜筒下端，有3～4个物镜螺旋口，物镜应按放大倍数高低顺序排列。旋转物镜转换器时，应用手指捏住旋转碟旋转，不要用手指推动物镜，因时间长容易使光轴歪斜，使成像质量变坏。

你知道吗?

为什么要分为粗准焦螺旋和细准焦螺旋?

显微镜上装有粗准焦螺旋和细准焦螺旋。有的显微镜粗准焦螺旋与细准焦螺旋装在同一轴上，大螺旋为粗准焦螺旋，小螺旋为细准焦螺旋；有的则分开安

置，位于镜臂的上端较大的一对螺旋为是粗准焦螺旋，其转动一周，镜筒上升或下降10毫米。位于粗准焦螺旋下方较小的一对螺旋为细准焦螺旋，其转动一周，镜筒升降值为0.1毫米，细准焦螺旋调焦范围不小于1.8毫米。

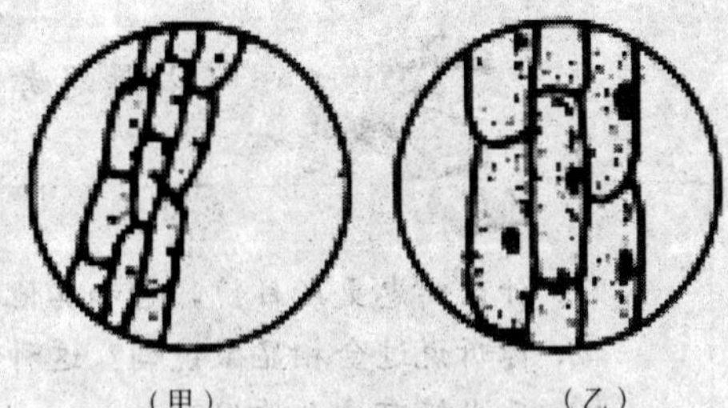

（甲） （乙）

◆先转到粗准焦螺旋看到（甲）图再转动细准焦螺旋看到（乙）图

光镜的分类

光学显微镜有多种分类方法：按使用目镜的数目可分为双目和单目显微镜；按图像是否有立体感可分为立体视觉和非立体视觉显微镜；按观察对像可分为生物和金相显微镜等；按接收器类型可分为目视、摄影和电视显微镜等。常用的显微镜有双目体视显微镜、金相显微镜、偏光显微镜、紫外荧光显微镜等。

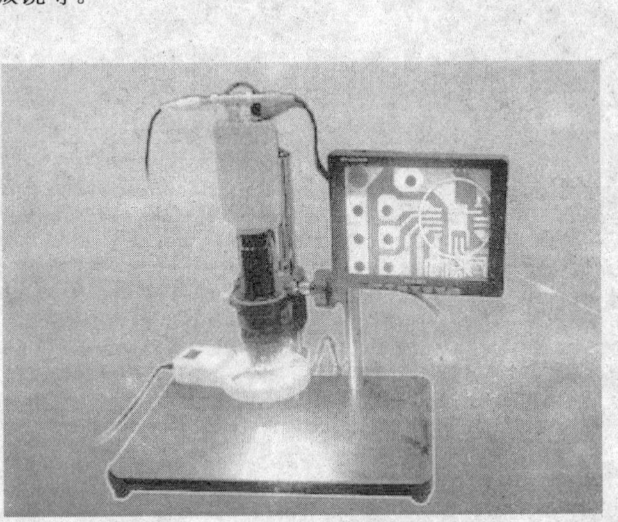

◆电视显微镜

1. 什么叫惠更斯目镜，它和其他类型的目镜有什么区别?
2. 你听说过金相显微镜吗? 这种显微镜有什么特点?
3. 反光镜有什么作用?
4. 你用显微镜观察过细胞吗? 请描述一下你看到的细胞的形态。

正确使用操作系统
——光学显微镜的使用

了解了显微镜的原理以及仪器构造之后，你是不是很想自己尝试着使用显微镜呢？你是不是很想亲手制作一个装片，来看看到底能不能观察到细胞呢？别急，这节我们就先来了解一下显微镜的使用，能否正确熟练地使用显微镜往往是实验成败的关键。

显微镜的使用一般包括取送、安放、对光、放片、调焦和观察等几个过程。

取送和安放

取送显微镜的时候右手握住镜臂，左手托住镜座，置于胸前。这样做的目的，主要是防止在显微镜取送过程中失手脱落而损坏显微镜。

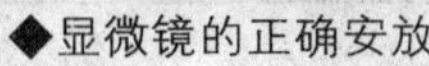

◆显微镜的正确安放

显微镜应该放置在接近光源、靠身体前方略微偏左的地方。其中镜筒在前，镜臂在后。取放显微镜时，要左手托镜座，右手握镜臂，轻拿轻放。置于桌子内侧，距桌缘5厘米左右。具体操作如上图所示。

小贴士——倾斜关节的使用

中学生物实验中一般不能使用倾斜关节。因为倾斜关节一般用于长时间观察非水封玻片，而中学生物实验室所观察的临时装片均为水封玻片，且观察水封玻片一般时间较短，因此，没有使用倾斜关节的必要。如果使用倾斜关节，则应注意以下两点：(1) 右手握住镜臂，左手按住镜座，轻轻屈下；(2) 镜筒与垂直方向的夹角不超过40°，以免显微镜倾倒。

对 光

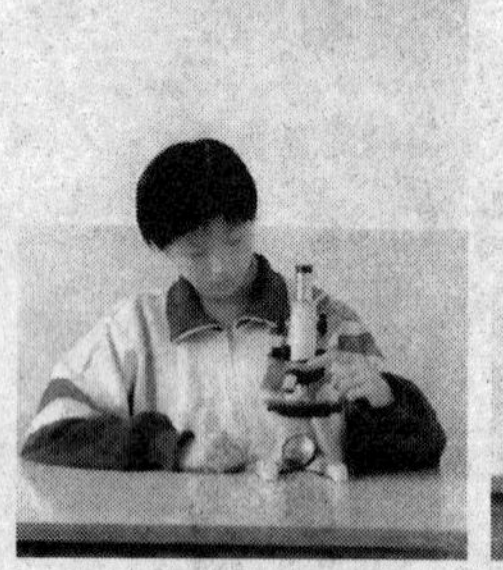

◆对光

转动物镜转换器，使低倍物镜正对通光孔。再转动遮光镜，让较大的一个光圈对准通光孔。用左眼通过目镜观察，右眼必须睁开，以便及时记录观察结果，同时调节反光镜（光线强时用平面镜，光线暗时用凹面镜），可看到一个明亮的圆形。如果视野中有异物，应用擦镜纸擦净目镜或物镜镜头。在后面的观察中可以根据需要调整光圈大小，使视野亮度合适。对好光后，显微镜的位置一般不再移动，如果移动了显微镜则需重新对光。

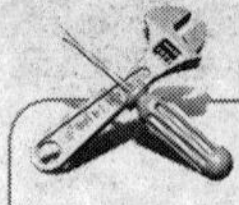

练习——左右眼同时张开

如果左右眼同时张开有困难，你可经常做下列练习：把右手掌放在双眼之间鼻子前，使双眼不能同时看到手心或手背。先用左眼看手心，再用右眼看手背，多练习几次，就可以"双眼张开"了。

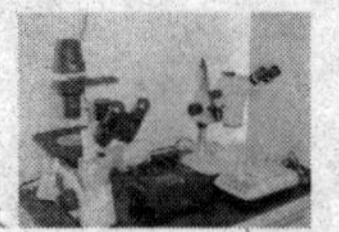

放片、调焦和观察

首先，将“上”字载玻片放在载物台上，两端用压片夹压住，使“上”字正对通光孔。实验中，若载物台上有脏物，可用纱布把它擦干净。

其次，眼睛盯住物镜，向前转动，使镜筒慢慢下降，物镜靠近载玻片时，注意不要让物镜碰到载玻片。

再用左眼朝目镜内注视，同时要求右眼张开，并慢慢向后调节粗准焦螺旋，使镜筒慢慢上升。当看到“上”字的物像时，停止调节粗准焦螺旋，继而轻微来回转动细准焦螺旋，直到物像清晰为止。

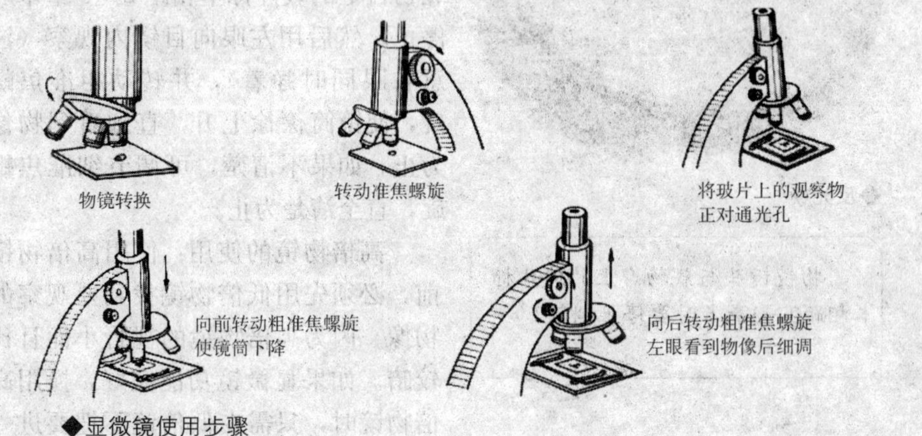

◆显微镜使用步骤

观察的时候，请把观察结果用铅笔画出来。

继续观察，慢慢把玻片向上移，所看到的物像向哪个方向移动？记录下来。

继续观察，慢慢把玻片向左移，所看到的物像朝哪个方向移动？记录下来。

实验完毕后如何安置显微镜

显微镜使用完毕后，应将玻片取下，将其机械部分用白纱布擦拭干

净。此外，还要做到：（1）转动转换器，让两个物镜偏于两旁；（2）转动粗准焦螺旋，使镜筒下降到最低点，以防止由于重力作用使镜筒自然下降，引起滑丝；（3）将反光镜竖起，蒙上红绸布，然后将显微镜锁入箱内。

物镜、反光镜、镜头的正确使用

◆反光镜

低倍物镜的使用：用手转动粗准焦螺旋，使镜筒徐徐下降，同时两眼从侧面注视物镜镜头，当物镜镜头与载物台上的玻片标本相距 2～3 毫米时停止。然后用左眼向目镜内观察（注意右眼同时睁着），并转动粗准焦螺旋，使镜筒徐徐上升，直到看到物像为止。如果不清楚，可调节细准焦螺旋，直至清楚为止。

> 物镜镜头与载物台上的玻片标本相距2—3毫米时要停止调节？

高倍物镜的使用：使用高倍物镜前，必须先用低倍物镜找到要观察的物像。因为高倍物镜的视野小而且比较暗。如果显微镜功能完好，换用高倍物镜时，只需在低倍镜下把要进一步放大的部分移至视野的中央，再转动转换器，使高倍物镜正对通光孔，然后左眼向目镜内看，把细准焦螺旋反时针方向转动，让镜筒略微上升，大约转动半圈就看清楚了。如果视野反而模糊，就要按顺时针方向慢慢转动，让镜筒缓缓下降，一般转动到

◆显微镜的各种镜头

一圈物像就清楚了。换用高倍物镜后，视野内亮度变暗，因此一般选用较大的光圈并使用反光镜的凹面。

反光镜的使用：反光镜与遮光器（或片状光圈）配合使用，以调节视野亮度。反光镜有平面和凹面。对光时，如果视野内光线太强，则使用反光镜的平面，如光线仍旧太强，则同时使用较小的光圈；反之，如果视野内光线较弱，则使用较大的光圈或使用反光镜的凹面。

镜头的擦拭：镜头污染后往往影响观察效果，因此需要经常擦拭。擦拭镜头要注意：（1）用专门的擦镜纸；（2）擦镜头时，先将擦镜纸折叠几次，然后朝一个方向擦，不可来回擦或转动擦；（3）如果镜头被油污污染，则可在擦镜纸上滴几滴二甲苯，然后按上述方法擦拭。

点击——使用显微镜时的注意事项

1. 搬动显微镜时，要一手握镜臂，一手扶镜座，两上臂紧靠胸壁。切勿一手斜提，前后摆动，以防镜头或其他零件跌落。

2. 使用时要严格按步骤操作，熟悉显微镜各部件性能，掌握粗、细调节钮的转动方向与镜筒升降关系。转动粗调节钮向下时，眼睛必须注视物镜头。

拓展思考

1. 要改变视野的明或暗，可调节显微镜的什么机构？怎样调节？

2. 准焦螺旋向前转动时，物镜会怎样？这时应注视显微镜的什么部位？为什么？

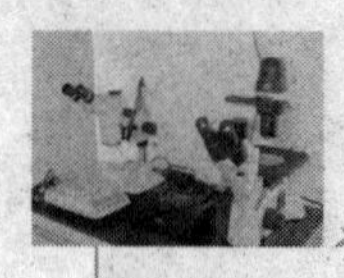

“好好保护我哦”
——显微镜日常维护和正确使用

简单介绍了显微镜的原理结构和使用方法之后，我们必须要说明一下显微镜的日常维护和注意事项。显微镜是一种精密的光学仪器，因此在正确使用的同时，做好显微镜的日常维护和保养，也是非常重要的一环。注重显微镜的良好维护和保养，可以延长显微镜的使用时间并确保显微镜能始终处于良好的工作状态中。

◆请注意保护好显微镜

显微镜的保养

保持光学元件的清洁对于保证好的光学性能来说非常重要，当显微镜不用时，显微镜应当用仪器提供的防尘罩盖住。若光学表面及仪器有灰尘和污物，在擦清表面前应当先用吹气球吹去灰尘或用柔软毛刷刷去污物。

光学表面应当用无绒棉布、镜头纸或用专用的镜头清洁液沾湿的棉花签来清洁。避免使用过多的溶剂，擦镜纸或棉花签应恰当沾湿溶剂但不要因为使用太多溶剂而渗透到物镜内，造成物镜清晰度下降及物镜损坏。

显微镜中目镜物镜的表面镜头最容易受到灰尘和污物及油的玷污，当发现衬度、清晰度降低，雾状发生时，则需要用放大镜仔细检查目镜、物镜前面镜头的状况。衬度：所谓衬度即像面上相邻部分间的黑白对比度或颜色差。衬度越低，像越难看清。

低倍物镜有相当大的前组镜片，能用缠在手指上的棉布或棉签及擦镜纸上用乙醇沾湿来擦拭。高倍镜中为了达到高的平坦度，应用了一个有小

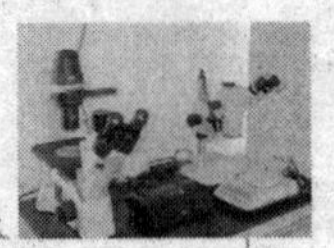

曲率半径凹面的前组镜头，在擦拭这组镜头时用带有棉球的牙签或棉花签清洁。擦拭镜头表面动作要轻。不要过度用力和有刮擦动作，并确信棉签触到镜头的凹面。在清理后用放大镜检查物镜是否损伤，如果必须开观察镜筒，小心不要接触到镜筒下面的外露镜头，镜头表面如有手指印会降低成像的清晰度，用清洁物镜目镜的方法进行擦拭。

在显微镜上使用完100倍油镜后，请及时将油镜表面擦拭清楚并检查40倍物镜是否沾上油，如有请及时擦清，使显微镜始终保持成像清晰。

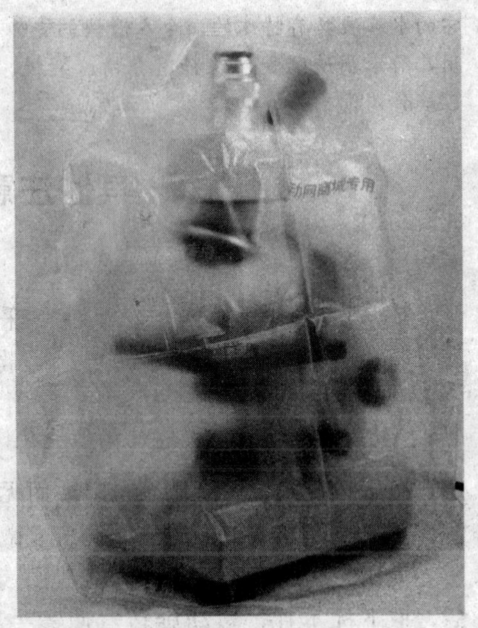

◆套上防尘罩的显微镜

显微镜的维护

使用防尘罩是保证显微镜处于良好机械和物理状态的最重要的方法。显微镜的外壳如有污迹，可用乙醇或肥皂水来清洁（无须用其他有机溶剂来清洁），但切勿让这些清洗液渗入显微镜内部，造成显微镜内部电子部件的短路或烧毁。

保持显微镜使用场地的干燥，尽管有些显微镜采用了特殊的防霉处理工艺，但当显微镜长期工作在湿度较大的环境中，还是容易增加霉变的概率，因此如显微镜不得不工作在湿度较大的环境中，建议使用去湿机。

小知识——乙醇

乙醇，俗称酒精，它在常温、常压下是一种易燃、易挥发的无色透明液体，它的水溶液具有特殊的、令人愉快的香味，并略带刺激性。乙醇的用途很广，可用乙醇来制造醋酸、饮料、香精、染料、燃料等。在医疗上常用70%～75%的乙醇作消毒剂等。

其他注意事项

使用结束后，为什么要等灯箱完全冷却后（约15分钟后）盖上绸布和外罩？

除了上面所说的保养和维护外，采取下列措施，或许能更好地延长显微镜的使用时间并使之保持良好的工作状态。

开启显微镜电源后，若暂时不使用，可以将显微镜灯光调至最暗，而无需频繁开关显微镜电源。

每次关闭显微镜电源前，请将显微镜灯光调至最暗。

使用完毕后，必须复原才能放回镜箱内，其步骤是：关闭显微镜电源后，取下标本片，转动旋转器使镜头离开通光孔，下降镜台，平放反光镜，下降集光器（但不要接触反光镜），关闭光圈，推片器回位，等灯箱完全冷却后（约 15 分钟后）盖上绸布和外罩，放回实验台柜内。（注：反光镜通常应垂直放，但有时因集光器没提至应有高度，镜台下降时会碰坏光圈，所以这里改为平放。）

显微镜工作一年后，至少做一次的专业维护保养。

正确使用方法

使用显微镜前，首先要把显微镜的目镜和物镜安装上去。目镜的安装较为简单，主要的问题在于物镜的安装，由于物镜镜头较贵重，万一安装时螺纹没合好，易摔到地上，造成镜头损坏，所以为了保险起见，强调操作者在安装物镜时要用左手食指和中指托住物镜，然后用右手将物镜装上去，这样即使没安装好，也不会摔到地上。

对光是使用显微镜时很重要的一步，有些操作者在对光时，随便转一个物镜对着通光孔，而不是按要求一定用低倍镜对光。转动反光镜时喜欢用一只手，往往将反光镜扳了下来。所以一定要强调用低倍镜对光，当光

线较强时用小光圈、平面镜，而光线较弱时则用大光圈、凹面镜，反光镜要用双手转动，到看到均匀光亮的圆形视野为止。光对好后不要再随便移动显微镜，以免光线不能准确地通过反光镜进入通光孔。

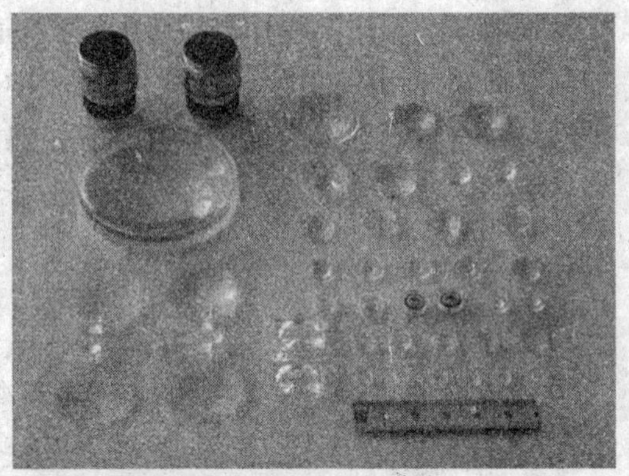

◆各种显微镜镜片

使用准焦螺旋调节焦距，找到物像可以说是显微镜使用中最重要的一步，也是操作者感觉最为困难的一步。操作者在操作过程中极易出现以下错误：一是在高倍镜下直接调焦；二是不管镜筒上升或下降，眼睛始终在往目镜中看视野；三是不了解物距的临界值，物距调到 2～3 厘米时还在往上调，而且转动准焦螺旋的速度很快。前两种错误结果往往造成物镜镜头抵触到装片，损伤装片或镜头，而第三种错误则是操作者使用显微镜时最常见的一种现象。针对以上错误，操作者要注意，调节焦距一定要在低倍镜下调，先转动粗准焦螺旋，使镜筒慢慢下降，物镜靠近载玻片，但注意不要让物镜碰到载玻片，在这个过程中眼睛要从侧面看物镜，然后用左眼朝目镜内注视，并慢慢反向调节粗准焦螺旋，使镜筒徐徐上升，直到看到物像为止。一般显微镜的物距在 1 厘米左右，所以如果物距已远超过 1 厘米，但仍未看到物像，那可能是标本未在视野内或转动粗准焦螺旋速度过快，此时应调整装片位置，然后再重复上述步骤，当视野中出现模糊的物像时，就要换用细准焦螺旋调节，只有这样，才能缩小寻找范围，提高找到物像的速度。

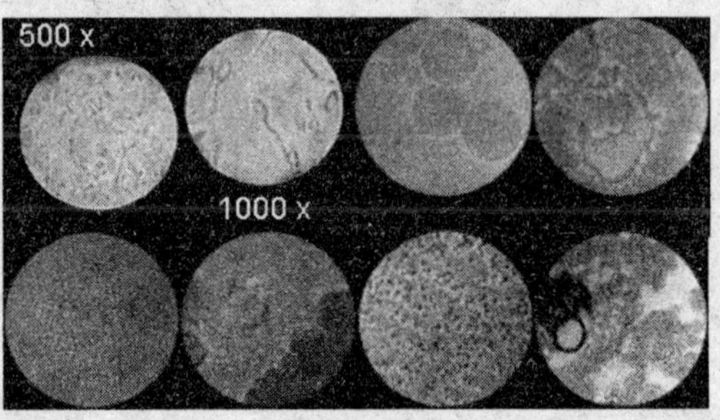

◆不同放大倍数下的显微图

使用低倍镜后换用高倍镜，操作者往往喜欢用手指直接推转物镜，认为这样比较省力，但这样容易使物镜的光轴发生偏斜，原因是转换器的材料质地较软，精度较高，螺纹受力不均匀很容易松脱。一旦螺纹破坏，整个转换器就会报废。操作者应手握转换器的下层转动板转换物镜。

显微镜使用中的操作错误，是实验中普遍存在的现象，我们只要认真地对待，有意识地去纠正它，克服它，熟练而正确地使用显微镜是完全可以做到的。

友情提醒

现在你清楚如何调节细准焦螺旋和粗准焦螺旋了吧！

1. 除了上面说的之外，你觉得我们在保护显微镜方面还能做些什么呢？
2. 看了上面的介绍，你觉得显微镜的哪个部分是最需要保护的呢？
3. 你在使用显微镜的过程中都遇到过哪些问题，你又是如何来解决的呢？

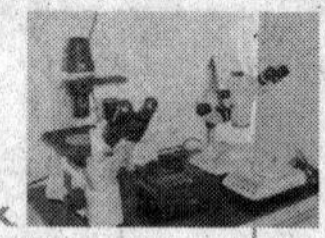

晶体“医生”——偏光显微镜

前面我们介绍了生物光学显微镜，利用它我们可以清楚地看到动植物的细胞结构。那么，有没有一种显微镜是用来研究晶体的呢？有，偏光显微镜就是用于研究晶体材料的一种显微镜。凡具有双折射性质的晶体，在偏光显微镜下就能分辨清楚。下面，就让我们来了解一下偏光显微镜是如何分辨性质不同的晶体的。

偏光显微镜的基本原理

光线通过某一物质时，如光在该物质内的性质不因照射方向而改变，这种物质在光学上就具有“各向同性”，又称单折射体，如普通气体、液体以及非结晶性固体；若光线通过另一物质时，光在晶体内的速度、折射率、吸收性和光波的振动性、振幅等因照射方向的不同而不同，这种物质在光学上则具有“各向异性”，又称双折射体，如晶体、纤维等。

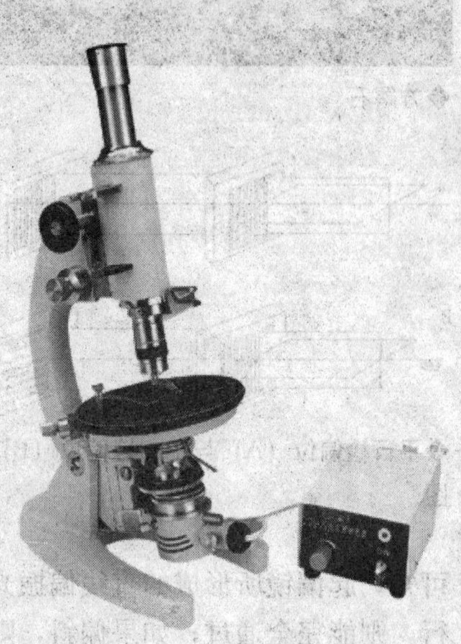

◆偏光显微镜

光波根据振动的特点，可分为自然光与偏光。自然光的振动特点是在垂直光波传导轴上具有许多振动面，各平面上振动的振幅相同，其频率也相同；自然光经过反射、折射、双折射及吸收等作用，可以成为只在一个方向上振动的光波，这种光波则称为“偏光”或“偏振光”。

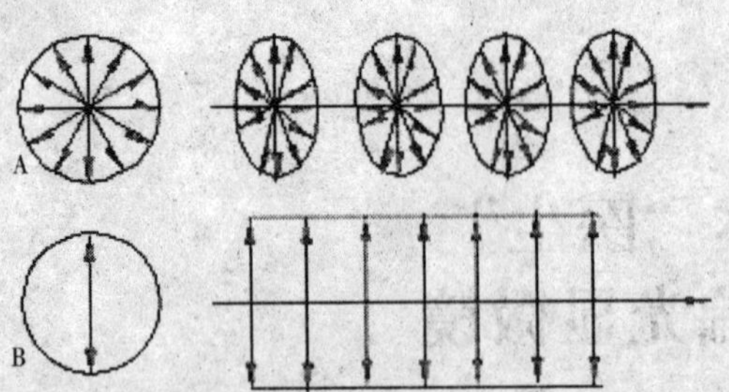

◆自然光（A）与偏振光（B）的振动特点

偏光显微镜最重要的部件是偏光装置——起偏器和检偏器。装置在光源与被检物体之间的叫“起偏镜”，而装置在物镜与目镜之间的叫“检偏镜”。过去两者均为尼科尔（Nicola）棱镜组成，它是由天然的方解石制作而成，但由于受到晶体体积较大的限制，难以取得较大面积的偏振，近来偏光显微镜则采用人造偏振镜来代替尼科尔棱镜。

◆方解石

人造偏振镜是以硫酸喹啉的晶体制作而成，呈绿橄榄色。当普通光通过它后，就能获得只在一直线上振动的直线偏振光。

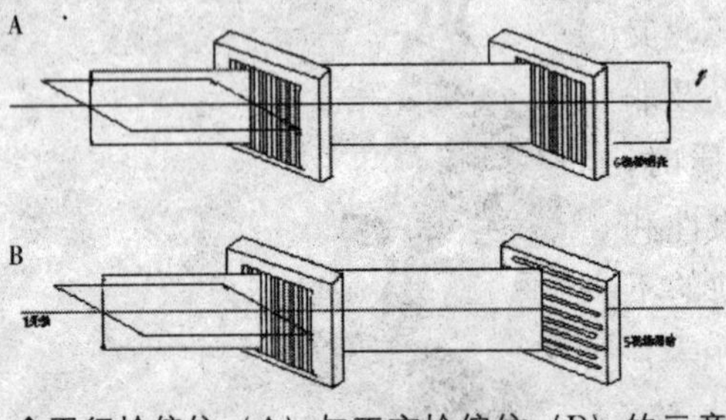

◆平行检偏位（A）与正交检偏位（B）的示意图

从光源射出的光线通过两个偏振镜时，如果起偏镜与检偏镜的振动方向互相平行，即处于“平行检偏位”的情况下，则视场最为明亮。反之，若两者互相垂直，即处于“正交校偏位”的情况下，则视场完全黑暗，如果两者倾斜，则视场表明出中等程度的亮度。由此可知，起偏镜所形成的直线偏振光，如其振动方向与检偏镜的振动方向平行，则能完全通过；如果偏斜，则只能通过一部分；如若垂直，则完全不能通过。因此，在采用偏光显微镜观察时，原则上要使起偏镜与检偏镜处于正交检偏位的状态下进行。

在正交的情况下，视场是黑暗的，如果被检物体在光学上表现为各向

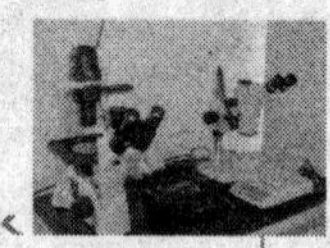

同性（单折射体），无论怎样旋转载物台，视场仍为黑暗，这是因为起偏镜所形成的直线偏振光的振动方向不发生变化，仍然与检偏镜的振动方向互相垂直的缘故。若被检物体中含有双折射性物质，则这部分就会发光，这是因为从起偏镜射出的直线偏振光进入双折射体后，产生振动方向互相垂直的两种直线偏振光，当这两种光通过检偏镜时，由于互相垂直，或多或少可透过检偏镜，就能看到明亮的像。光线通过双折射体时，所形成两种偏振光的振动方向，依物质的种类而有不同。

双折射体在正交情况下，旋转载物台时，双折射体的像在360°的旋转中有四次明暗变化，每隔90°变暗一次。变暗的位置是双折射体的两个振动方向与两个偏振镜的振动方向相一致的位置，称为“消光位置”，从消光位置旋转45°，被检物体变为最亮，这就是“对角位置”，这是因为偏离45°时，偏振光到达该物体时，分解出部分光线可以通过检偏镜，故而明亮。根据上述基本原理，利用偏光显微术就可能判断各向同性（单折射体）和各向异性（双折射体）物质。

干涉色：在正交检偏位情况下，用各种不同波长的混合光线为光源观察双折射体，在旋转载物台时，视场中不仅出现最亮的对角位置，而且还会看到颜色。出现颜色的原因，主要是由干涉色而造成（当然也可能是由于被检物体本身并非无色透明）。

知识窗

干涉色

当两单色光相干波发生干涉时，将产生一系列明暗条纹，称为干涉条纹。而白光发生干涉时，则产生由紫至红的一系列彩色条纹。这些由干涉作用形成的颜色，称为干涉色。

小资料——光

光是人类眼睛可以看见的一种电磁波，也称可见光谱。在科学上的定义，光是指所有的电磁波谱。光是由光子为基本粒子组成，具有粒子性与波动性，称为

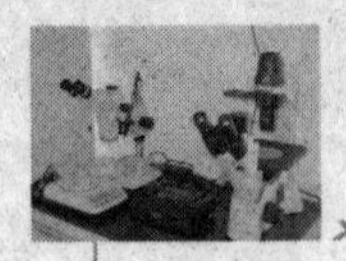

波粒二象性。光可以在真空、空气、水等透明的物质中传播。对于可见光的范围没有一个明确的界限，一般人的眼睛所能接受的光的波长为400～700毫米。人们看到的光来自于太阳或产生光的设备，包括白炽灯泡、荧光灯管、激光器、萤火虫等。

偏光显微镜在装置上的几点要求

◆偏光镜

最好采用单色光，因光的速度、折射率、吸收和干涉现象由于波长的不同而有差异。一般镜检可使用普通光。

载物台为圆形，要用可以调节中心且边缘刻有角度（360°）能旋转的载物台。物镜：应使用无应消色差物镜，因复消色差和半复消色差物镜本身常发生偏振光。目镜要带有十字线镜。

为了取得平行偏光，应使用能推出上透镜的摇出式聚光镜。作精细偏光镜检时，尚需利用补偿片，如石膏、云母及石英补偿片等。

偏光显微镜的检术要求

（一）光轴与载物台通光中心必须在一直线上，否则旋转物台时，被检物体就偏离视场中心，甚至移到视场之外，而影响镜检。

（二）起偏镜和检偏镜均标有振动方向的符号，当处于正交状态时，通常使起偏镜的振动方向与目镜内十字线的横线一致，而检偏镜的振动方向与十字线的纵线一致。

（三）制片不宜过薄，否则微弱的双折射性就易消失。同时应先以新鲜状态进行观察（不然常由于固定、染色等步骤的处理，而使双折射性加强或消失），然后再对照进行观察。

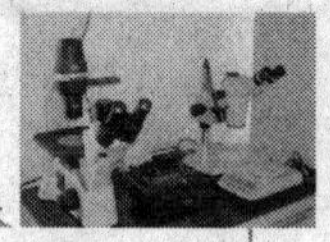

偏光显微镜的应用

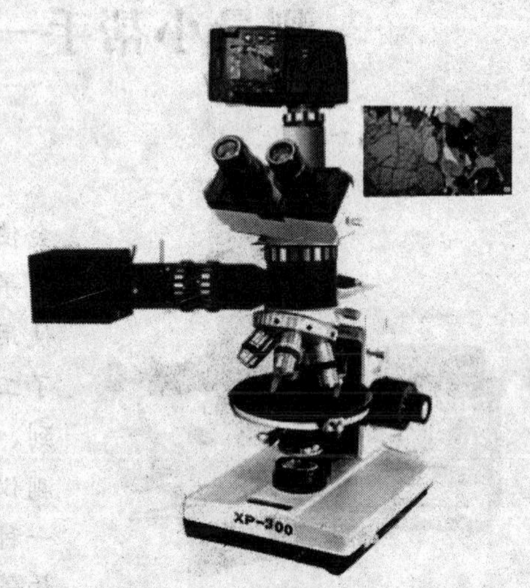

◆三目透反射偏光显微镜

由于偏光显微镜是利用将普通光改变为偏振光进行镜检的方法，鉴别某一物质是单折射（各向同性）或双折射性（各向异性），因此被广泛地应用在矿物、化学等领域。在生物学中，很多结构也具有双折射性，这就需要利用偏光显微镜加以区分。在植物学方面，如鉴别纤维、染色体、纺锤丝、淀粉粒、细胞壁以及细胞质与组织中是否含有晶体等。在植物病理上，病菌的入侵，常引起组织内化学性质的改变，可以偏光显微术进行鉴别。在人体及动物学方面，常利用偏光显微术来鉴别骨骼、牙齿、胆固醇、神经纤维、肿瘤细胞、横纹肌和毛发等。

1. 你知道日常生活中见到的太阳光为什么为白光？
2. 什么是物质的双折射性？
3. 普通光与偏振光的区别是什么？
4. 起偏器和检偏器可以互换使用吗？

测量小帮手——工具显微镜

◆大型数字化工具显微镜

许多动物都会使用工具，但人类不仅会使用，而且还会制造新的工具。考古发现早在140万年之前，人们就开始制造并使用石头工具。现在，我们的生活缺少不了工具的使用。在抗震救灾中我们还看到，作为拯救生命的重要工具，“生命探测仪”更是功不可没。当然，显微镜也是一种工具，它能够让我们看清楚物质的结构等。你知道吗？其实，除了我们上面介绍的那几种能够看清物质结构的显微镜以外，还有一些显微镜能够用来测量物质的硬度、厚度等，我们把这类显微镜称为工具显微镜。由于现在对器件的要求越来越高，普通的测量硬度等的工具已经不能满足需要，工具显微镜正发挥着越来越重要的作用。

工具显微镜概述

◆小型工具显微镜

工具显微镜又称工具制造用显微镜，是一种制造工具时所用的高精度测量仪。它是利用光学原理将工件成像经物镜投射至目镜，即借着光线将工件放大成虚像，再利用载物台与目镜网线等辅助，作为尺寸、角度和形状等测量工具。工具显微镜能精确地测量各种工件的尺寸、角度、形状和位置，以及螺纹的各参数。适用于机械制造业、精密工具、模具制造业、仪器

仪表制造业、军事工业、航空航天及汽车制造业、电子行业、塑料与橡胶行业的计量室、检查站和高等院校、科研院所。此种仪器在立柱上装有一显微镜，放大倍率从10倍至100倍，工具显微镜的测量系统光源（灯炮）通电后，光线依次经过两个透镜滤热镜（片）、镜径薄膜、透镜、反射镜、装物台、物镜、反射镜、目镜等，工件与物镜间的距离，随着放大倍率和工件厚薄，可利用对焦旋钮调至理想位置。

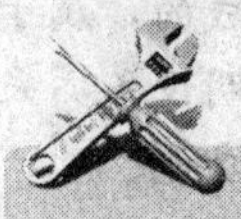

动手做一做——工具显微镜能够测量以下对象

工具显微镜能够测量各种金属加工件、冲压件、塑料件的直径、长度、角度、孔的位置等；测量各种成型零件如样板、样板车刀、样板铣刀、冲模和凸轮的形状；测量各种刀具、模具、量具的几何参数；测量螺纹塞规、丝杠和蜗杆等外螺纹的中径、大径、小径、螺距、牙型半角；测量齿轮滚刀的导程、齿形和牙型角；测量印刷电路板上的线条宽度、距离和元件焊装孔的尺寸和位置；测量各种零件的二维形位公差。

影像工具显微镜

影像工具显微镜是在原始的工具显微镜的基础上，将其与电脑相连，使得测量结构能够形象地显示在电脑显示器上。

影像工具显微镜的原理如下：被测工件置于工作台上，在底光或表面光的照明下，它由物镜形成放大像，经过分光与反射系统后，一路成像于目镜的分画板上，人眼通过目镜就可以观察到一个放大的正立像；由于其与电脑相连，所以我们使另一路成像于彩色CCD上，摄像机摄取工件像后通过S端子传送至电脑及彩色液晶显示器上，显示出一个与工件完全同向的放大清晰影像。这样我们不仅可以观察到放大的物象，也可以通过电脑将其保存下来。

影像工具显微镜是一种集软件、光、机、电一体的高精度高效率的显微测量仪器。它广泛应用于电子元件、精密模具、照相机零件、汽车零件等领域。另外它还能与目镜标准片作比较测量。而且它还可以作为观察显微镜，用相对量测法检查工件表面粗糙度，用于非接触量测为目的的各种精密加工业。

小贴士——小型工具显微镜和大型工具显微镜

小型工具显微镜——它是由精密十字移动工作台及观测显微镜构成的，属于小型工具显微镜，设计时是以容易使用为主，所以支柱不会倾斜，照明设备亦采用简易型，虽然简易但和许多附属品相连接后，就能够增加各种测定功能。

大型工具显微镜——它的回转工作台是采用装配式，亦由精密十字形移动台和观测显微镜制成的，穿透照明设备是采用离心照明，支柱和工作台一体成型，可以左右倾斜，螺纹测定非常便捷。眼观测部装有投影装置，可从事投影像之观测。

显微硬度计

◆显微硬度计

显微硬度计主要用于测量微小、薄型试件，通过选用各种附件或者升级各种结构，可广泛用于各种金属（黑色金属、有色金属、铸件、合金材料等）、金属组织、金属表面加工层、电镀层、硬化层（氧化、各种渗层、涂镀层）、热处理试件、碳化试件、淬火试件、相夹杂点的微小部分，玻璃、玛瑙、人造宝石、陶瓷等脆硬非金属材料的测试，是实验室质检部门、计量院所质量控制、材料研究的必备检测仪器。和影像工具显微镜相似，显微硬度计也可根据用户的要求配制摄影装置，能对所测压痕和材料金相组织进行拍摄。

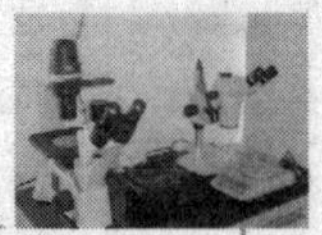

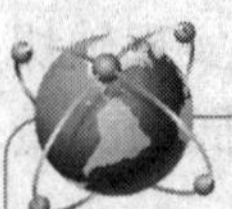

广 角 镜

硬 度

硬度表示材料抵抗硬物体压入其表面的能力。它是金属材料的重要性能指标之一。一般硬度越高，耐磨性越好。

小知识——维氏硬度

维氏硬度是表示材料硬度的一种标准。由英国科学家维克斯首先提出。以49.03～980.7牛顿的负荷，将相对面夹角为136°的方锥形金刚石压入器压材料表面，保持规定时间后，测量压痕对角线长度，再按公式来计算硬度的大小。它适用于较大工件和较深表面层的硬度测定。

测量显微镜

测量显微镜是一种大型的精密测量仪器，具有准确度高、功能全等特点，是生产企业长度计量工作中最常用的光学仪器之一。测量显微镜的光学系统形成物方远心光路，使被测工件的光学成像落在仪器的分划板上，然后通过目镜使分划板上的标准刻线对工件影像进行瞄准，以达到测量的目的。

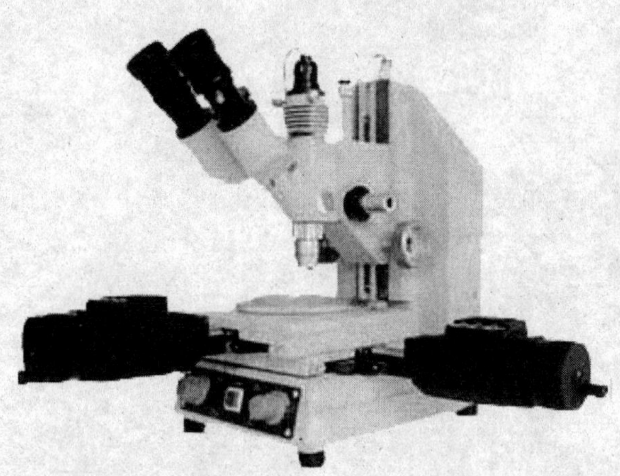

◆测量显微镜

因此，影像法是测量显微镜的最常用、最基本的测量方法。由于测量显微镜还配备了许多辅助设备，所以除了最基本的影像法外，它还能实现轴切法、光学接触法、机械测量法、双像法等测量手段，以达到不同的测量目的。

1. 你知道光速是如何测出来的吗？
2. 如果要测量几种很薄的薄膜的硬度，我们应该选用哪种硬度计呢？
3. 工具显微镜可以用于哪些方面的测量？请举例说明之。

闪闪“红星”放光芒——荧光显微镜

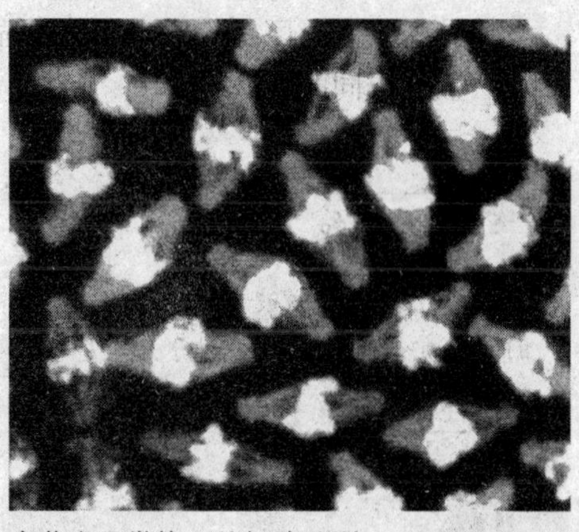
◆荧光显微镜下的细胞分裂

从之前的介绍，我们已经很清楚地知道普通光学显微镜所用的光源是普通太阳光或者是日光灯，同样，金相显微镜也是，而偏光显微镜虽然也是用普通光源，但是这束普通光必须先通过起偏器，使之变成线偏振光，然后用偏振光进行照射。我们知道，白光是由许多频率的光合在一起而显白色的，那么，能不能用一种颜色的光当光源来观察物体呢？——荧光显微镜就是这样一种仪器，它是以紫外线为光源，用以照射被检物体，使之发出荧光，通过物镜和目镜系统放大以观察标本的荧光图像。那么，它究竟是如何让物体发出荧光的呢？是不是所有的物体在荧光显微镜下都能发出漂亮的荧光呢？要知道这些问题的答案，我们还是先来了解一下荧光显微镜吧！

荧光显微镜简介

荧光显微镜主要用于研究细胞内物质的吸收、运输、化学物质的分布及定位等。细胞中有些物质，如叶绿素等，受紫外线照射后会发荧光；另有一些物质本身虽不能发荧光，但如果用荧光染料或荧光抗体染色后，经紫外线照射亦会发荧光，荧光显微镜就是对这类物质进行定性和定量研究的工具之一。荧光显微镜可用于免疫荧光观察、基因定位、疾病诊断等。

它是免疫荧光细胞化学的基本工具，由光源、滤板系统和光学系统等主要部件组成。

荧光显微镜也是光学显微镜的一种，它与普通光学显微镜的主要区别是：①光源为紫外光，波长较短，分辨力高于普通显微镜；②荧光显微镜的照明方式通常为落射式，即光源通过物镜投射于样品上；③荧光显微镜有两个特殊的滤光片，光源前的用以滤除可见光，目镜和物镜之间的用于滤除紫外线，用以保护人眼。

正是由于以上区别，决定了荧光显微镜与普通光学显微镜在结构和使用方法上是不同的。

小知识

紫外线是电磁波谱中波长从0.01～0.40微米辐射的总称，不能引起人们的视觉。电磁波谱中波长0.01～0.04微米辐射，即可见光紫端到X射线间的辐射

你知道吗?

新型超高压汞灯在使用初期不需高电压即可引燃，使用一些时间后，则需要高压启动（约为15000伏），启动后，维持工作电压一般为50～60伏，工作电流约4安左右。200瓦超高压汞灯的平均寿命，在每次使用2小时的情况下约为200小时，开动一次工作时间愈短，则寿命愈短，如开一次只工作20分钟，则寿命降低50%。因此，使用时尽量减少启动次数。灯泡在使用过程中，其光效是逐渐降低的。灯熄灭后要等待冷却才能重新启动。点燃灯泡后不可立即关闭，以免水银蒸发不完全而损坏电极，一般需要等15分钟。由于超高压汞灯压力很高，紫外线强烈，因此灯泡必须置灯室中方可点燃，以免伤害眼睛和发生爆炸。

荧光显微镜的基本原理和结构

荧光显微镜主要由光源、滤色系统、反光镜、聚光镜、物镜、目镜以

及落射光装置构成。

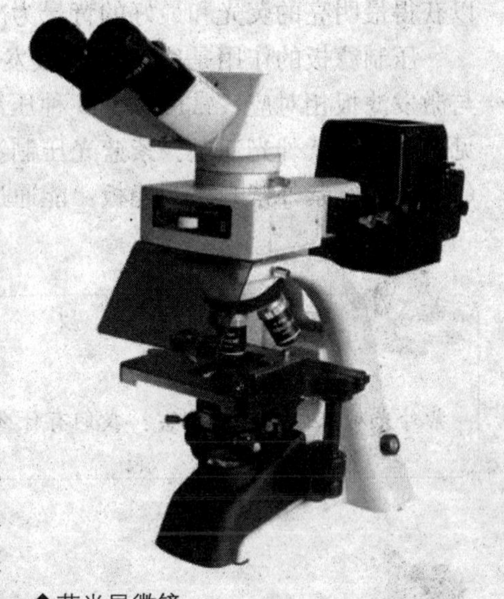

◆荧光显微镜

现在多采用200瓦的超高压汞灯作光源，光源的电路包括变压、镇流、启动几个部分。在灯室上有调节灯泡发光中心的系统，灯泡球部后面安装有镀铝的凹面反射镜，前面安装有集光透镜。它是用石英玻璃制作，中间呈球形，内充一定量的汞，工作时由两个电极间放电，引起水银蒸发，球内气压迅速升高，当水银完全蒸发时，可达5～70个标准大气压力，这一过程一般需5～15分钟。超高压汞灯的发光是电极间放电使水银分子不断解离和还原过程中发射光量子的结果。它发射很强的紫外光和蓝紫光，足以激发各类荧光物质，因此，为荧光显微镜普遍采用。超高压汞灯也散发大量热能。因此，灯室必须有良好的散热条件，工作环境温度不宜太高。

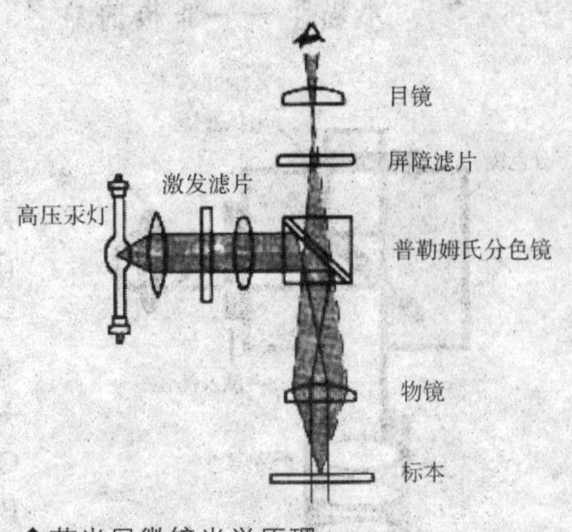

◆荧光显微镜光学原理

滤色系统是荧光显微镜的重要部位，由激发滤板和压制滤板组成。

根据光源和荧光色素的特点，可选用以下三类激发滤板，提供一定波长范围的激发光。紫外光激发滤板：此滤板可让400纳米以下的紫外光透过，阻挡400纳米以上的可见光通过。外加一块蓝色滤板，以除去红色尾波。让紫外蓝光激发滤板：此滤板可让300～450纳米范围内的光通过，外加蓝色滤板。紫蓝光激发滤板：它可让350～490纳米的光通过。近年开始采用金属膜干涉滤板，由于针对性强，波长适当，因而激发效果比玻璃滤板的更好。激发滤板分薄厚两种，一般暗视野选用薄滤板，亮视野荧光显微镜可选用厚一些的滤板。基本要求是

显微镜

以获得最明亮的荧光和最好的背景为准。

压制滤板的作用是完全阻挡激发光通过，提供相应波长范围的荧光。与激发滤板相对应，常用以下3种压制滤板：紫外光压制滤板：可通过可见光，阻挡紫外光通过。紫蓝光压制滤板：能通过510纳米以上波长的光（绿到红）。紫外紫光压制滤板：能通过460纳米以上波长的光（蓝到红）。

想一想议一议

紫外光对人体有什么伤害？我们有什么措施减少紫外光对自己的伤害？

小贴士——滤板的命名

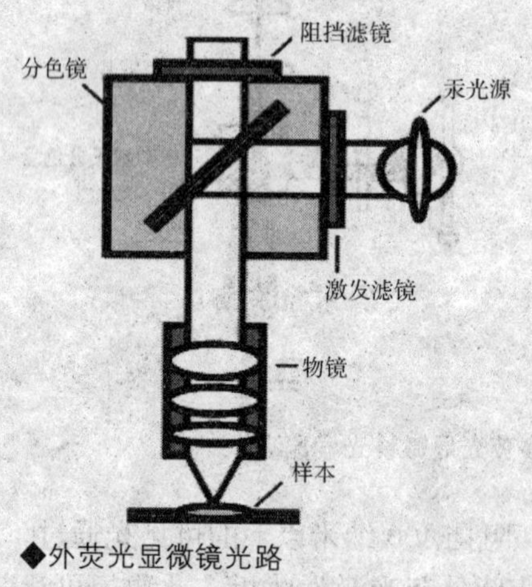

◆外荧光显微镜光路

滤板一般都以基本色调命名，前面字母代表色调，后面字母代表玻璃，数字代表型号特点。如德国产品（Schott）BG—12，就是种蓝色玻璃，B是蓝色Blue的第一个字母，G是玻璃Glass的第一个字母；我国产品的名称已统一用拼音字母表示，如相当于BG—12的蓝色滤板名为QB24，Q是“青色（蓝色）”拼音的第一个字母，B是“玻璃”拼音的第一个字母。不过有的滤板也可以透光分界滤长命名，如K530，就是表示压制波长530纳米以下的光而透过530纳米以上的光。

反光镜的反光层一般是镀铝的，因为铝对紫外光和可见光的蓝紫区吸收少，反射达90%以上，而银的反射只有70%。一般使用平面反光镜。

专为荧光显微镜设计制作的聚光器是用石英玻璃或其他透紫外光的玻

璃制成。分明视野聚光器、暗视野聚光器和相差荧光聚光器。

在一般荧光显微镜上多用明视野聚光器，它具有聚光力强，使用方便，特别适于低、中倍放大的标本观察。暗视野聚光器在荧光显微镜中的应用日益广泛。因为激发光不直接进入物镜，因而除散射光外，激发光也不进入目镜，可以使用薄的激发滤板，增强激发光的强度，压制滤板也可以很薄，因紫外光激发时，可用无色滤板（不透过紫外光）而仍然产生黑暗的背景。从而增强了荧光图像的亮度和反衬度，提高了图像的质量，观察舒适，可能发现在亮视野中难以分辨的细微荧光颗粒。相差聚光器与相差物镜配合使用，可同时进行相差和荧光联合观察，既能看到荧光图像，又能看到相差图像，有助于荧光的准确定位。一般荧光观察很少需要这种聚光器。

对于荧光显微镜来说，各种物镜均可应用，但最好用消色差的物镜，因其自体荧光极微且透光性能（波长范围）适合于荧光。由于图像在显微镜视野中的荧光亮度与物镜镜口率的平方成正比，而与其放大倍数成反比，所以为了提高荧光图像的亮度，应该使用镜口率大的物镜。尤其在高倍放大时其影响非常明显。因此对荧光不够强的标本，应使用镜口率大的物镜。

你知道吗？

消色差物镜外壳上常有“Ach”字样。这类物镜仅能校正轴上点的位置色差（红、蓝两色）和球差（黄绿光）以及消除近轴点彗差。不能校正其他色光的色差和球差，且场曲很大。最早的消色差物镜是由蔡司制造的。

在荧光显微镜中多用低倍目镜。过去多用单筒目镜，因为其亮度比双筒目镜高一倍以上，但目前研究型荧光显微镜多用双筒目镜，观察很方便。

新型落射光装置是从光源来的光射到干涉分光滤镜后，波长短的部分（紫外和紫蓝）由于滤镜上镀膜的性质而反射，当滤镜对向光源呈45°倾斜时，则垂直射向物镜，经物镜射向标本，使标本受到激发，这时物镜直接

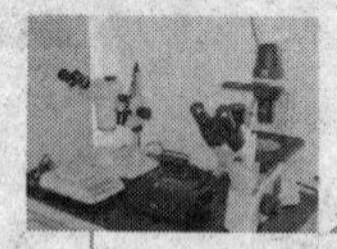

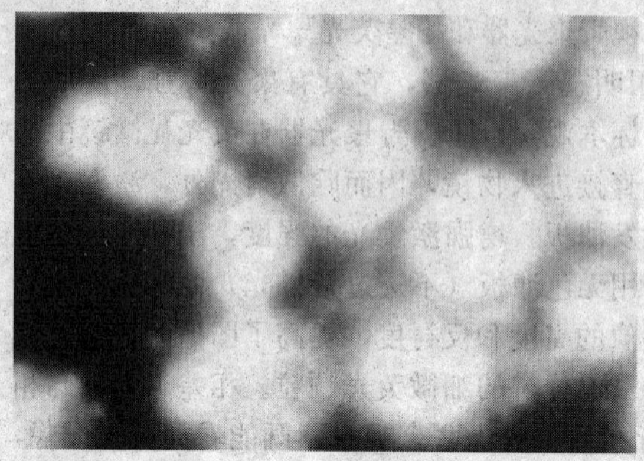

◆在荧光显微镜下

起聚光器的作用。同时，滤去长波部分（绿、黄、红等），对滤镜是可透的，因此，不向物镜方向反射，滤镜起了激发滤板作用。由于标本的荧光处在可见光长波区，可透过滤镜到达目镜观察，荧光图像的亮度随着放大倍数增大而提高，在高放大时比透射光源的强。

拓展思考

1. 你知道荧光在日常生活中还有哪些作用吗？
2. 荧光显微镜都有哪些方面的应用？
3. ．在使用汞灯时，我们应该如何操作才能延长汞灯的寿命？
4. 荧光显微镜的反光镜为什么镀铝？

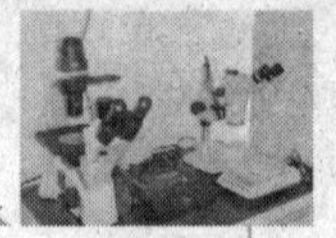

黑暗中的光明
——暗视野显微镜

前面介绍的显微镜在观察前，都要先对显微镜进行对光，让视野尽量明亮，然后把物体放在载玻片上，经过一系列的调整，通过目镜，我们就可以很清晰地观察到标本了。那么，是不是观察所有的标本都一定要有明亮的视野呢？在一个全黑的视野中，我们可否观察一些特殊的标本呢？——暗视野显微镜就是这样一种特殊的仪器，用它可以在黑暗的视场中观察一些特殊的标本。下面，我们就来看看这种仪器究竟有多大的本事，能够让我们在黑暗中看到光明！

知识库

光的衍射与散射现象

光在传播路径中，遇到不透明或透明的障碍物，绕过障碍物，产生偏离直线传播的现象称为光的衍射。光的散射是指光传播时因与物质中分子（原子）作用而改变其光强的空间分布、偏振状态或频率的过程。

暗视野显微镜简述

暗视野显微镜（dark field microscope）是这样一种显微镜，它的聚光镜中央有挡光片，使照明光线不直接进入物镜，因此无物体时，视野暗黑，不可能观察到任何物体，当有物体时，以物体衍射回的光与散射光等在暗的背景中明亮可见。在暗视野观

> 纳米（符号为nm）是长度单位，原称毫微米，就是10^{-9}米，即10^{-6}毫米。

察物体，照明光大部分被折回，由于物体（标本）所在的位置结构、厚度不同，则反射回来的光在该处的折射率等就会不同，我们根据这些就可以比较清晰地看到物体的形状和厚度等。利用这种显微镜能见到小至 4～200 纳米的微粒子，分辨率可比普通显微镜高 50 倍。

原 理 介 绍

丁达尔（Tyndall）效应

当一束光线透过胶体，从入射光的垂直方向可以观察到胶体里出现的一条光亮的"通路"，这种现象叫丁达尔现象，也叫丁达尔效应。

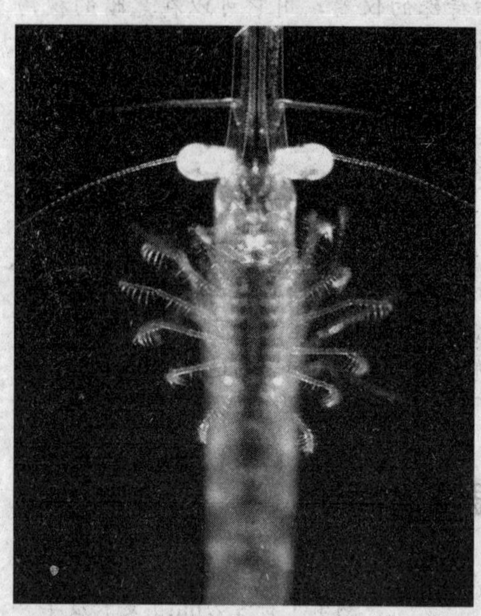

◆暗视野显微镜黑背景下的图像

暗视野显微镜是利用丁达尔（Tyndall）光学效应的原理，在普通光学显微镜的结构基础上改造而成的。使用了一种特殊的聚光器——暗视野聚光器，使光源的中央光束被阻挡。不能由下而上地通过标本进入物镜。从而使光改变途径，倾斜地照射在观察的标本上，标本遇光发生反射或散射，散射的光线投入物镜内，因而视野的背景是黑的，物体的边缘是亮的。

暗视野显微镜常用来观察未染色的透明样品。这些样品因为具有和周围环境相似的折射率，不易在一般明视野之下看清楚，于是利用暗视野提高样品本身与背景之间的对比。这种显微镜能见到小至 4～200 纳米的微粒子，由于是利用样品的散射光和反射光进行观察，因此只能看到物体的存在、运动和表面特征，不能辨清物体的细微结构。

暗视野显微镜的使用方法：

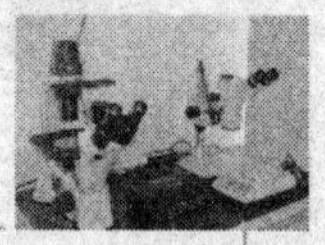

（1）把暗视野聚光器装在显微镜的聚光器支架上。

（2）选用强的光源，但又要防止直射光线进入物镜，所以一般不用日光而用显微镜灯照明。

（3）在聚光器和标本片之间要加一滴香柏油，目的是不使照明光线于聚光镜上面进行全反射，达不到被检物体，而得不到暗视野照明。

（4）升降集光器，将集光镜的焦点对准被检物体，即以圆锥光束的顶点照射被检物。如果聚光器能水平移动并附有中心调节装置，则应首先进行中心调节，使聚光器的光轴与显微镜的光轴严格位于一直线上。

（5）选用与聚光器相应的物镜，调节焦距，找到所需观察的物像。

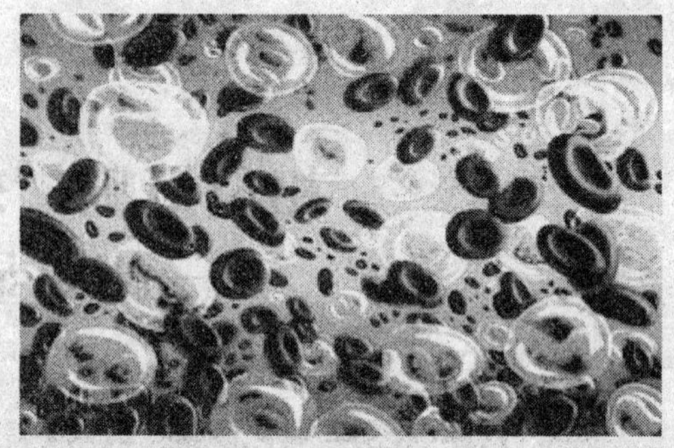

◆健康人体内的红细胞

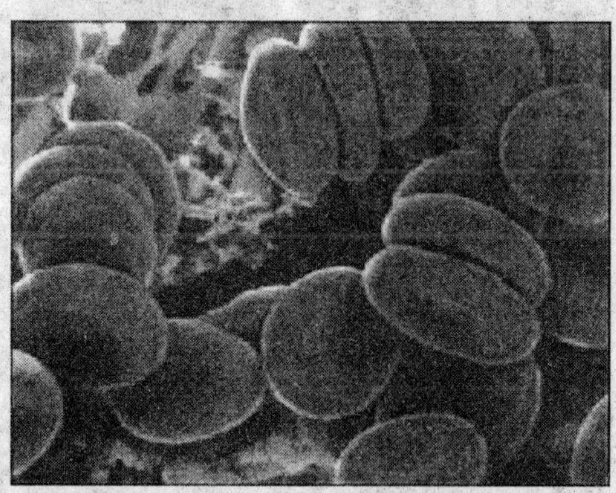

◆非健康人体内的红细胞

拓展思考

1. 暗视野显微镜主要用于哪些物质的观察？

2. 为什么物体的衍射图像是黑白相间的条纹？黑色的条纹和白色的条纹各代表什么意思？

3. 暗视野显微镜的视场是暗的，我们是如何观察到物体的？

相位振幅“转换器”
——相差显微镜

◆3D 电影《阿凡达》剧照

你看过 3D 电影《阿凡达》吗？我想，看过这部电影的人肯定都被里面超强的立体视觉效果所震撼。那么，你知道 3D 电影是利用了什么原理呢？原来，人的视觉之所以能分辨远近，是靠两只眼睛的差距。人的两眼分开约 5 厘米，两只眼睛除了瞄准正前方以外，看任何一样东西，两眼的角度都不会相同。也就是物体反射到两只眼睛的光波存在一个小的相位差，虽然这种差距很小，但经视网膜传到大脑里，脑子就用这微小的差距，产生远近的深度，从而产生立体感。根据这一原理，如果把同一景像，用两只眼睛视角的差距制造出两个影像，然后让两只眼睛一边一个，各看到自己一边的影像，透过视网膜就可以使大脑产生景深的立体感了。这一原理，我们称其为“偏光原理”。那么，在各种各样的显微镜中，有一种显微镜也是依靠这种相位的微小差异来对标本进行观察的，我们称这种显微镜为相差显微镜。相差显微镜是研究活标本的重要工具，下面就让我们一起来了解一下相差显微镜吧！

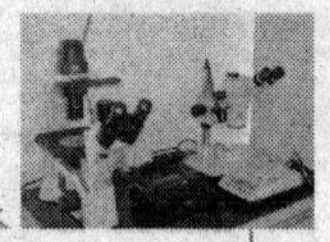

相差显微镜的发明

相差显微镜是荷兰科学家泽尔尼克（Zernike）于1935年发明的，这种显微镜最大的特点是可以观察未经染色的标本和活细胞。因细胞各部细微结构的折射率和厚度的不同，光波通过时，波长和振幅并不发生变化，仅相位发生变化（振幅差），这种振幅差人眼无法观察。而相差显微镜通过改变这种相位差，并利用光的衍射和干涉现象，把相差变为振幅差来观察活细胞和未染色的标本，从而提高了各种结构间的对比度，使各种结构变得清晰可见。

概念介绍——相位和振幅

相位是对于一个波，特定的时刻在它循环中的位置：例如它是否在波峰、波谷或它们之间的某点的标度。它是描述信号波形变化的度量，通常以度（角度）作为单位，也称作相角。

振动物体离开平衡位置的最大距离叫振动的振幅。振幅描述了物体振动幅度的大小和振动的强弱。

相差显微镜简介

相差显微镜和普通显微镜的区别是：①用环形光阑代替可变光阑，环形光阑位于光源与聚光器之间。②用带相板的物镜代替普通物镜，就是在普通的物镜中加了涂有氟化镁的相位板，可将直射光或衍射光的相位推迟1/4λ，分为两种：①A＋相板：将直射光推迟1/4λ，两组光波合轴后光波相加，振幅加大，标本结构比周围介质更加变亮，形成亮反差（或称负反差）。②B＋相板：将衍射光推迟1/4λ，两组光线合轴后光波相减，振幅变

> 1.你知道什么是光的干涉，它和光的衍射有哪些区别呢？
>
> 2.为什么用普通的光学显微镜观察时，都要对标本进行染色？

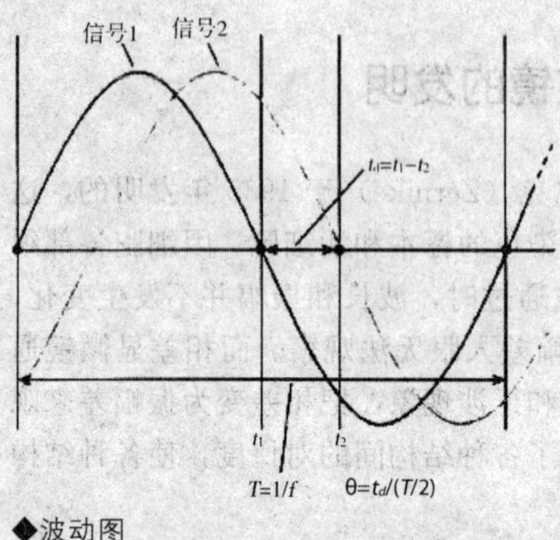

◆波动图

小，形成暗反差（或称正反差），结构比周围介质更加变暗。③合轴调节望远镜：用于调节环状光阑的像与相板共轭面完全吻合。④绿色滤光片：缩小照明光线波长范围，减少由于照明光线的波长不同引起的相位变化。

正是由于相差显微镜与普通显微镜具有上述构造上的差别，使得相差显微镜具有 2 个其他显微镜所不具有的功能，一是它能将直射的光（视野中背景光）与经物体衍射的光分开；二是它能将大约一半的波长从相位中除去，使之不能发生相互作用，从而引起强度的变化。

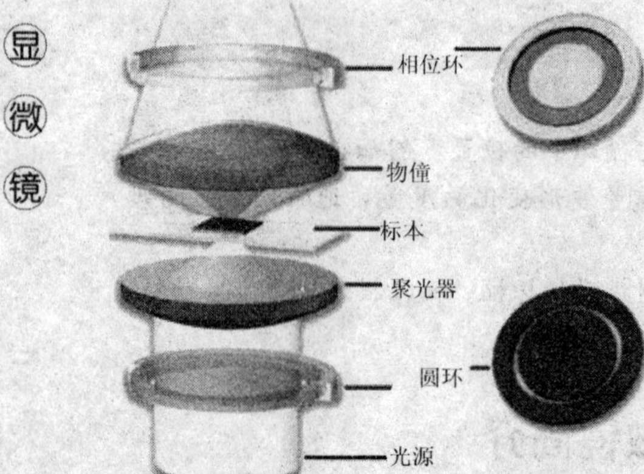

◆相差显微镜的装置图，你看懂了吗?

相差显微镜的基本原理是利用物体不同结构成分之间的折射率和厚度的差别，把通过物体不同部分的光程差转变为振幅（光强度）的差别，经过带有环状光阑的聚光镜和带有相位片的相差物镜实现观测的显微镜。主要用于观察活细胞或不染色的组织切片，有时也可用于观察缺少反差的染色样品。把透过标本的可见光的光程差变成振幅差，从而提高了各种结构间的对比度，使各种结构变得清晰可见。光线透过标本后发生折射，偏离了原来的光路，同时被延迟了 1/4λ（波长），如果再增加或减少 1/4λ，则光程差变为 1/2λ，两束光合轴后干涉加强，振幅增大或减小，提高反差。

注意事项：

（1）晕轮和渐暗效应。在相差显微镜成像过程中，某一结构由于相位的延迟而变暗时，并不是光的损失，而是光在像平面上重新分配的结果。

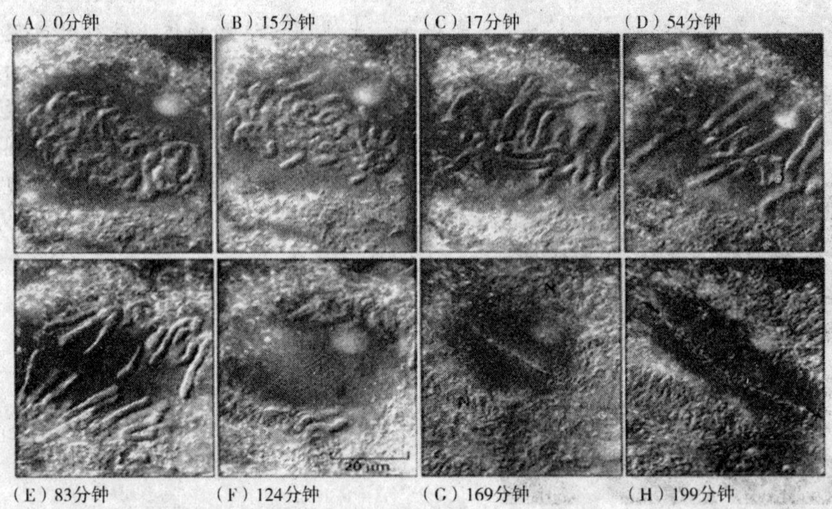

◆用相差显微镜观察未经染色的玻片标本

因此在黑暗区域明显消失的光会在较暗物体的周围出现一个明亮的晕轮。这是相差显微镜的缺点，它妨碍了精细结构的观察，当环状光阑很窄时晕轮现象更为严重。相差显微镜的另一个现象是渐暗效应，指相差观察相位延迟相同的较大区域时，该区域边缘会出现反差下降。

（2）样品厚度的影响。当进行相差观察时，样品的厚度应该为 5 微米或者更薄，当采用较厚的样品时，样品的上层是很清楚的，深层则会模糊不清并且会产生相位移干扰及光的散射干扰。

（3）盖玻片和载玻片的影响。样品一定要盖上盖玻片，否则环状光阑的亮环和相板的暗环很难重合。相差观察对载玻片和盖玻片的玻璃质量也有较高的要求，当有划痕、厚薄不均或凹凸不平时会产生亮环歪斜及相位干扰。

名人介绍——泽尔尼克

1953 年诺贝尔物理学奖授予荷兰格罗宁根大学的泽尔尼克（1898～1966年），以表彰他提出了相称法，特别发明了相差显微镜。相差显微镜是一种特殊的显微镜，特别适用于观察具有很高透明度的对象，例如生物切片、油膜和位相

◆泽尔尼克

光栅等。光波通过这些物体，往往只改变入射光波的位相而改变入射光波的振幅，由于人眼及所有能量检测器只能辨别光波强度上的差别，也即振幅上的差别，而不能辨别位相的变化，因此用普通的显微镜是难以观察到这些物体的。

1. 用显微镜观察标本时，载玻片和盖玻片的作用一样吗?
2. 相差显微镜和普通光学显微镜最大的区别是什么?
3. 什么是晕轮效应?
4. 相差显微镜的环形光阑有何特点?

神奇大变化

——电子显微镜

光的衍射现象严重地限制了光学显微镜的分辨本领，利用在真空中高速运动的电子束代替光线来作为显微镜的照明电源，其波长约为可见光的十万分之一，由此可以大大提高显微镜的分辨本领，对微观世界的探索提供了有力的工具。

现代科学技术的进步无不提出对微观形态研究的必要性。在生命科学方面，从与人们日常生活密切关联的医学临床检验，直到生物学方面的对生命起源、病毒、肿瘤及遗传工程等方面的理论研究都要借助电子显微镜进行微观范围的观察。在材料科学方面，从生产中对材料的流程检验，直到金属、半导体等固体物理方面的理论研究和单个原子、分子的直接观察等，电子显微镜也是必不可少的常规仪器。

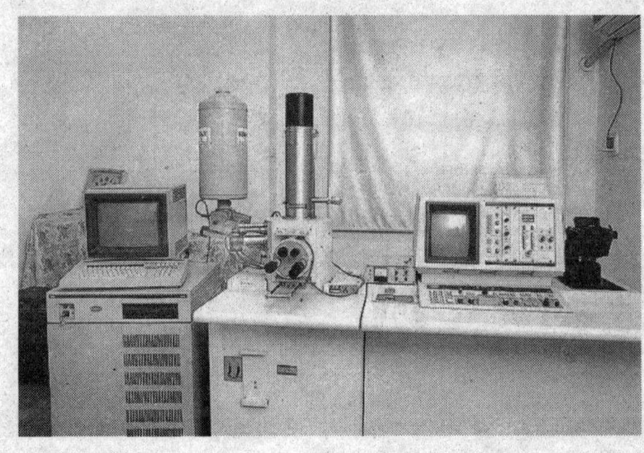

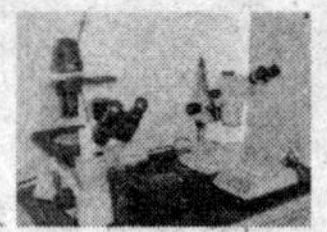

20世纪人类伟大的科学发明——电子显微镜

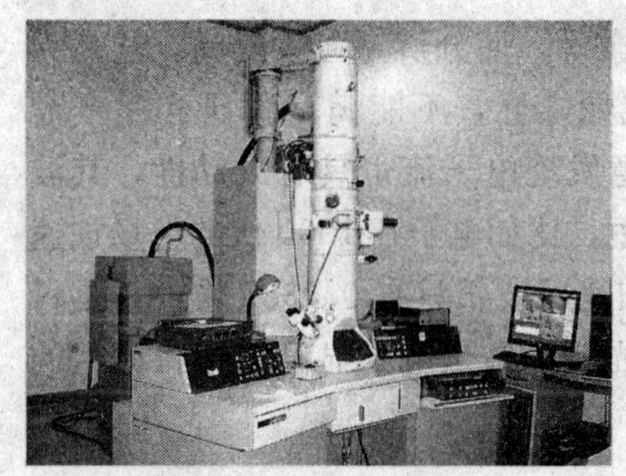

◆电子显微镜

为什么为了看到物体，物体的尺寸就必须大于光的波长，否则光就会“绕”过去？

普通光学显微镜通过提高和改善透镜的性能，使放大率达到1000～1500倍，但一直未超过2000倍。这是由于普通光学显微镜的放大能力受光的波长的限制。光学显微镜是利用光线来看物体，为了看到物体，物体的尺寸就必须大于光的波长，否则光就会“绕”过去。理论研究结果表明，普通光学显微镜的分辨本领不超过200纳米，有人采用波长比可见光更短的紫外线，放大能力也不过再提高一倍左右。

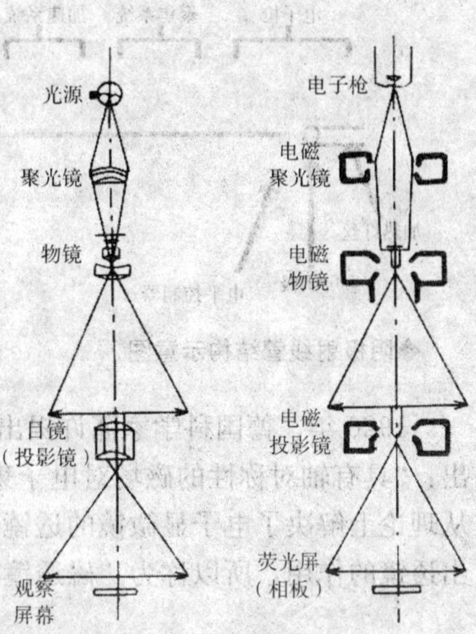

◆透射电子显微镜与光学显微镜的结构及成像原理对比图

要想看到组成物质的最小单位——原子，光学显微镜的分辨本领还差3～4个量级。为了从更高的层次上

研究物质的结构，必须另辟蹊径，创造出功能更强的显微镜。

有人设想用波长比紫外线更短的X射线的透镜。那么，研究结果究竟如何呢？让我们一起来回顾一下20世纪初科学家们在显微镜方面的伟大成就吧！

电子显微镜的发明

20世纪初，恰伊斯发明了紫外线显微镜，使分辨率大大提高，这是一次质的飞跃，但紫外线仍不是最好的成像媒介，不能满足科研和生产需要。20世纪20年代法国科学家德布罗意发现电子流也具有波动性，其波长与能量有确定关系，能量越大波长越短，比如电子在1000伏的电场加速后其波长是0.388埃，用10万伏电场加速后波长只有0.0387埃，于是科学家们就想到是否可以用电子束来代替光波？这是电子显微镜即将诞生的一个先兆。

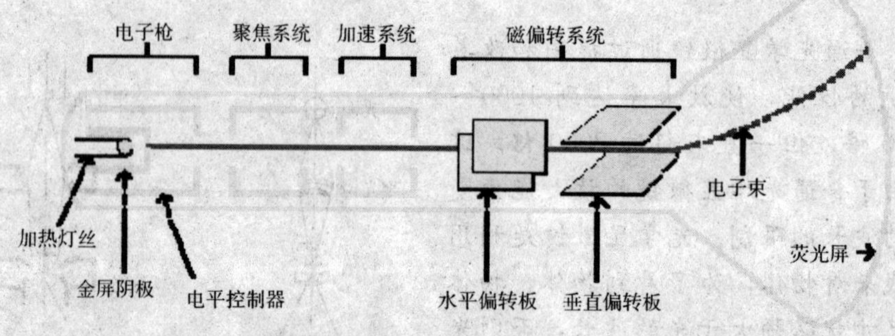

◆阴极射线管结构示意图

1926年，德国科学家蒲许提出了关于电子在磁场中运动的理论。他指出：“具有轴对称性的磁场对电子束来说起着透镜的作用。”这样，蒲许就从理论上解决了电子显微镜的透镜问题，因为对于电子束来说，磁场显示出透镜的作用，所以称为“磁透镜”。

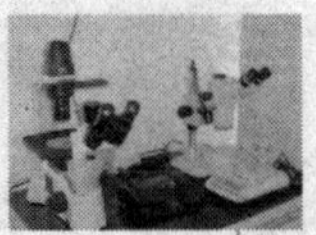

广角镜

波长与能量的关系

根据爱因斯坦光子理论，E（能量）$=h$（普朗克常数）$\times f$（光的频率）$=c$（光速）$/\lambda$（光的波长）。

链接——“磁透镜”

磁聚焦现象一般都是利用载流螺线管中激发的磁场来实现的。在实际应用中，大多用载流的短线圈所激发的非均匀磁场来实现磁聚焦作用。由于这种线圈的作用与光学中的透镜作用相似，故称磁透镜。在显像管、电子显微镜和真空器件中，常用磁透镜来聚焦电子束。

德国柏林工科大学的年轻研究员卢斯卡，于1932年制作了第一台电子显微镜——它是一台经过改进的阴极射线示波器，成功地得到了铜网的放大像——第一次由电子束形成的图像，加速电压为7万伏，最初放大率仅为12倍。尽管放大率微不足道，但它却证实了使用电子束和电子透镜可形成与光学像相同的电子像。

科技文件夹

1983年，IBM公司苏黎世实验室的两位科学家格尔德·宾宁（Gerd Binning）和海因里希·罗雷尔（Heinrich Rohrer）利用“隧道效应”原理发明了所谓的扫描隧道显微镜（STM）。这种显微镜比电子显微镜更激进，它完全突破了传统显微镜的概念。

1933年，经过卢斯卡的改进，电子显微镜的分辨能力达到了50纳米，约为当时光学显微镜分辨本领的10倍，突破了光学显微镜分辨极限，于是电子显微镜开始受到人们的重视。

点 击

1958 年，我国成功地研制了第一台电子显微镜。现在，随着计算机技术的发展，电子显微镜技术和功能也日益进步，放大倍数已超过 1000 多万倍，并在材料、生物、医学等领域得到广泛应用。

1937 年应西门子公司的邀请，卢斯卡建立了超显微镜学实验室。1939 年西门子公司制造出分辨本领达到 30 埃的世界上最早的实用电子显微镜，并投入批量生产。

到了 20 世纪 40 年代，美国的希尔用消像散器补偿电子透镜的旋转不对称性，使电子显微镜的分辨本领有了新的突破，逐步达到了现代水平。

1952 年，英国工程师查尔斯·奥特利（Charles Oatley）制造出了世界上第一台扫描电子显微镜（SEM）。

电子显微镜是 20 世纪最重要的发明之一。由于电子的速度可以加到很高，电子显微镜的分辨率可以达到纳米级，使人们能直接观察到很多在可见光下看不见的物体，例如某些重金属的原子和晶体中排列整齐的原子点阵，甚至可恶的病毒在电子显微镜下也现出了原形。

但电子显微镜因需在真空条件下工作，所以很难观察活的生物，而且电子束的照射也会使生物样品受到辐照损伤。其他的问题，如电子枪亮度和电子透镜质量的提高等问题也有待继续研究。

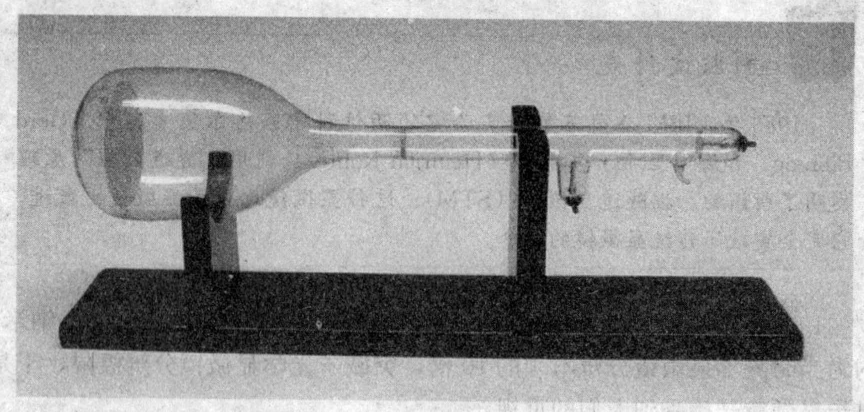

◆李耀邦阴极射线管

电子显微镜为什么需要在真空条件下才能工作?

真空有2个作用：一个是可以防止空气分子对电子的散射，导致电子束不能良好聚焦；还有一个是避免与空气分子碰撞后电子能量的损失。

电视机的显像管也是利用电子束显像的，里面也是真空的。

1. 电子显微镜与光学显微镜最大的差别是什么?
2. 扫描隧道显微镜的工作原理是怎样的?
3. 电子显微镜在生物医学领域都有哪些方面的应用呢?
4. 电子显微镜的分辨率为什么高于普通光学显微镜?

解读神秘的电镜
——电子显微镜的原理

电子显微镜是一种电子仪器设备，可用来详细研究电子发射体表面电子的发射情形。其放大倍数和分辨率都比光学显微镜高得多。因为普通光学显微镜的放大倍数和分辨率有限，无法观测到微小物体。以电子束来代替可见光束，观察物体时，分辨率就没有波长要在可见光谱之内的限制，不过电子透镜无法做得像光学透镜那样完美。目前电子显微镜的分辨率可达10—7厘米（约为原子直径的2倍）。通常电子显微镜的放大率是200～200000倍，再经照相放大可达1000000倍。1924年法国物理学家德布罗意指出电子和其他的粒子也都具有和光类似的波动性质。他还求出了计算它们波长的公式。此公式发明的年代较早，后来由汤姆逊以快速电子和塔尔塔可夫斯基用较慢的电子照射金属薄箔后得到的电子衍射图样所证实。于是，人们从物质领域内找到了波长更短的媒质——电子。

电镜与光镜的主要区别

电子显微镜是以电子束为照明源，通过电子流对样品的透射或反射及电磁透镜的多级放大后在荧光屏上成像的大型仪器，而光学显微镜则是利用可见光照明，将微小物体形成放大影像的光学仪器。概括起来，主要有以下几个方面的区别：

电镜所用的照明源是电子枪发出的电子流，而光镜的照明源是可见光（日光或灯光），由于电子流的波长远短于光波波长，故电镜的放大及分辨率显著地高于光镜。

电镜中起放大作用的物镜是电磁透镜（能在中央部位产生磁场的环形电磁线圈），而光镜的物镜则是玻璃磨制而成的光学透镜。电镜中的电磁透镜共有三组，分别与光镜中聚光镜、物镜和目镜的功能相当。

	光源	电镜
光源	可见光(波长 400～700 纳米)	电子束(波长 0.003～0.006 纳米)
分辨本领	200 纳米	0.2 纳米
透镜	玻璃透镜	电磁透镜
真空	大气	真空
成像原理	样品对光吸收所形成的明暗差和颜色差(肉眼可见)	样品对电子的散射所形成的明暗差(肉眼不可见)

电镜与光镜的主要区别

在电镜中，作用于被检样品的电子束经电磁透镜放大后打到荧光屏上成像或作用于感光胶片成像。其电子浓淡的差别产生的机制是，电子束作用于被检样品时，入射电子与物质的原子发生碰撞产生散射，由于样品不同部位对电子有不同散射度，故样品电子像以浓淡呈现。而光镜中样品的物像以亮度差呈现，它是由被检样品的不同结构吸收光线多少的不同所造成的。

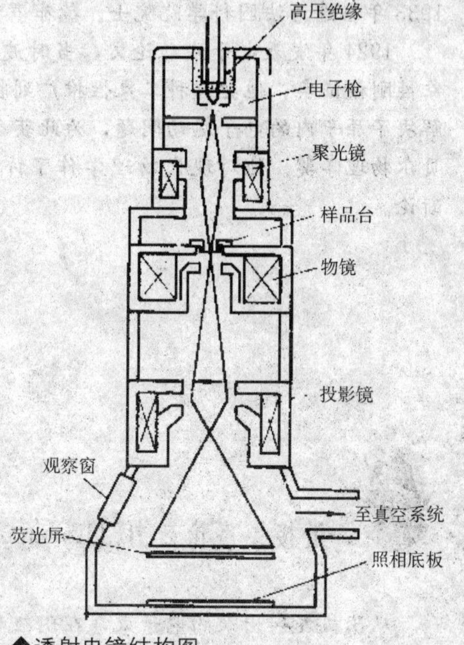

◆透射电镜结构图

电镜观察所用组织细胞标本的制备程序较复杂，技术难度和费用都较高，在取材、固定、脱水和包埋等环节上需要特殊的试剂和操作，最后还需将包埋好的组织块放入超薄切片机切成 50～100 纳米厚的超薄标本片。而光镜观察的标本则一般置于载玻片上，如普通组织切片标本、细胞涂片标本、组织压片标本和细胞滴片标本等。

小知识

原子指化学反应的基本微粒，原子在化学反应中不可分割。原子直径的数量级大约是10^{-10}米。原子质量极小，且99.9%集中在原子核。

名人介绍——伟大的德布罗意

◆法国物理学家——德布罗意

德布罗意（1892～1897年），法国物理学家。1933年当选为法国科学院院士。德布罗意在

1924年发表电子波动论文，当时波的波粒二象性刚被证实，他把这种二象性推广到物质粒子，解决了原子内的电子运动问题，为此获1929年诺贝尔物理学奖。他对现代物理学作了许多哲学的断论。

链接：洛伦兹力（Lorentz force）

从阴极发射出来的电子束，在阴极和阳极间的高电压作用下，轰击到长条形的荧光屏上激发出荧光，可以在示波器上显示出电子束运动的径迹。实验表明，在没有外磁场时，电子束是沿直线前进的。如果把射线管放在蹄形磁铁的两极间，荧光屏上显示的电子束运动的径迹就发生了弯曲。这表明，运动电荷确实受到了磁场的作用力，这个力通常叫做洛伦兹力。

公式是$F=q(E+v\times B)$，其中，F是洛伦兹力，q是带电粒子的电荷量，E是电场强度，v是带电粒子的速度，B是磁感应强度。

电子透镜

光学显微镜之形成图像有赖于光学透镜。对于可见光来说，光学透镜由玻璃制成，它对可见光具有折射本能。要想使电子成像，当然也必须要专门的透镜。电子在通过电场和磁场时，受到洛伦兹力的作用，轨迹发生弯曲。这种现象可以比拟于光线经过透镜发生折射。所以，电子透镜即这样的电场或磁场。电子透镜是电子显微镜镜筒中最重要的部件，它用一个对称于镜筒轴线的空间电场或磁场使电子轨迹向轴线弯曲形成聚焦，其作用与玻璃凸透镜使光束聚焦的作用相似，所以称为电子透镜。现代电子显微镜大多采用电磁透镜，由很稳定的直流电流通过带极靴的线圈产生的强磁场使电子聚焦。电子通过一个磁场发生下列效应：当电子运动方向与磁场方向相同时，电子所受的力为零。当电子运动方向与磁场方向垂直时，电子将受到力的作用并沿圆周运动。当电子向一均匀磁场倾斜发射时，电子呈螺旋轨道运动，并且从一点发出的电子会在磁场的另一侧聚焦于另一点，该效应与光学凸透镜相似（但有明显不同，平行光线经过磁场不会聚焦）。电子透镜有多种类型，有多层线圈、软铁包住的线圈和带极靴的线圈。

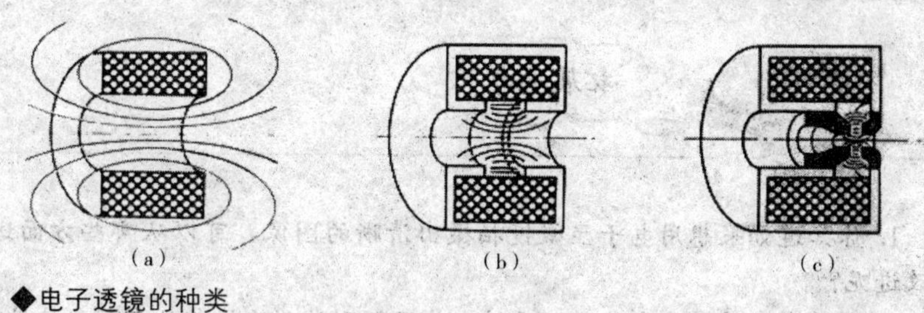

◆电子透镜的种类

电子图像的形成

人眼之所以可以看清物体，是由于人对光强度反差（振幅的反差）和波长的差异（色反差）很敏感。在电子显微镜中，人们只能从荧光屏上观察到传递电子的密度反差；电子感光板也只能复制黑白图像。这些图像是

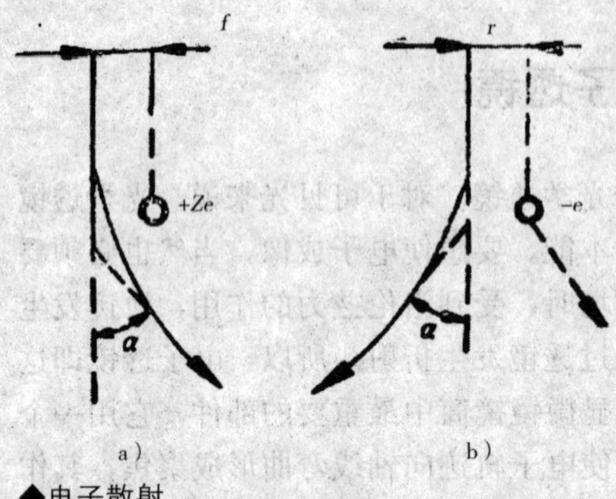

◆电子散射

a) 弹性散射　　b) 非弹性散射

由于电子与样品作用的结果。

电镜观察的样品一般都是放在50～100埃的碳膜上，电子穿透样品时，产生了4种基本物理过程，包括散射、吸收、干涉和衍射。这4种物理过程原则上都是成像的因素，而其中散射对电子成像影响最大。当一束电子通过薄的样品时，电子与样品的原子发生相互作用。电子与原子的碰撞可以分为"弹性散射"和"非弹性散射"。其中弹性散射使入射电子改变了很大的角度。我们使用物镜加衬度光阑。它把大角度散射的电子都挡去了，仅仅使一部分电子参与成像。入射电子通过样品时，散射量与样品的厚度有关。样品越厚，电子与原子核碰撞概率就越大，散射量也越大。最后，根据荧光屏上的图像，我们就可以来分析物质了。

拓展思考

1. 你知道如果想用电子显微镜拍摄出清晰的图像，可以从哪些方面进行改进呢？

2. 前面我们简单地介绍了磁透镜，你了解到的磁透镜都具有哪些特性？

3. 你知道电子显微镜在物理学方面都有哪些研究吗？

“骨架”分析
——电子显微镜的结构

就像光学显微镜一样，电子显微镜按照成像的原理也可以分为几种，有透射式电子显微镜，这种显微镜是利用磁透镜对穿透样品的电子进行放大成像；还有扫描式电子显微镜，它是用扫描电子束打到样品上，以所产生的二次电子、反射电子、吸收电子以及透射电子等作为信息并经过电子电路放大，然后成像。当然，近年来随着科学技术的发展，也有把这两种类型合成的，我们叫它透射扫描式电子显微镜。

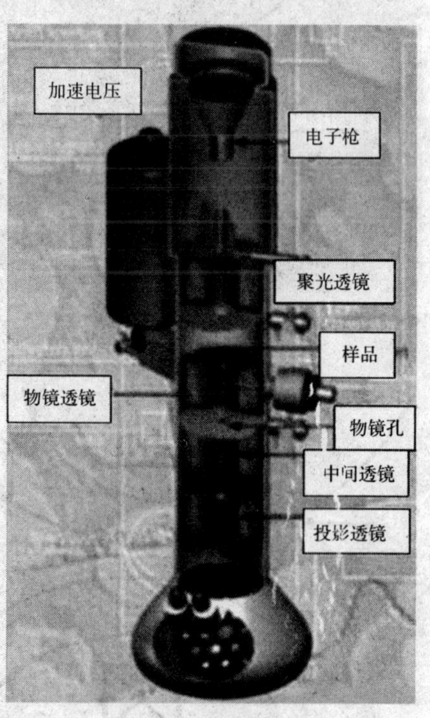

◆透射式电子显微镜结构图

由于透射式电子显微镜是这些显微镜中较基础的一种，我们就先来向大家介绍一下透射式电子显微镜的结构。

透射式电子显微镜主要由电子光学系统、真空系统、供电系统和辅助系统四大部分组成。

小贴士

观察金属样品时，束斑可大一些；观察生物样品和高分辨的样品时，束斑要小一些。

电子光学系统

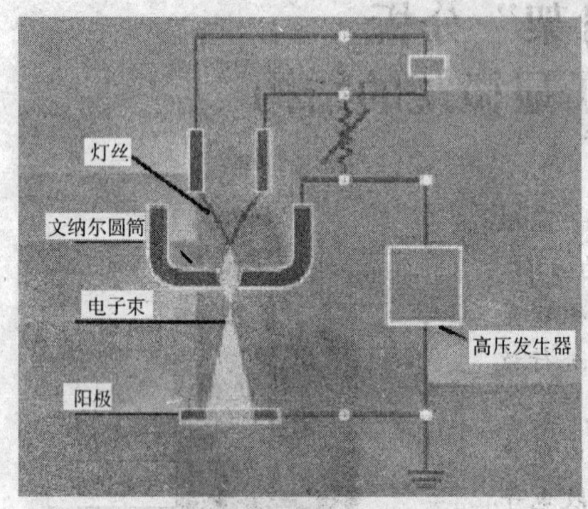

◆电子枪发射电子的原理图

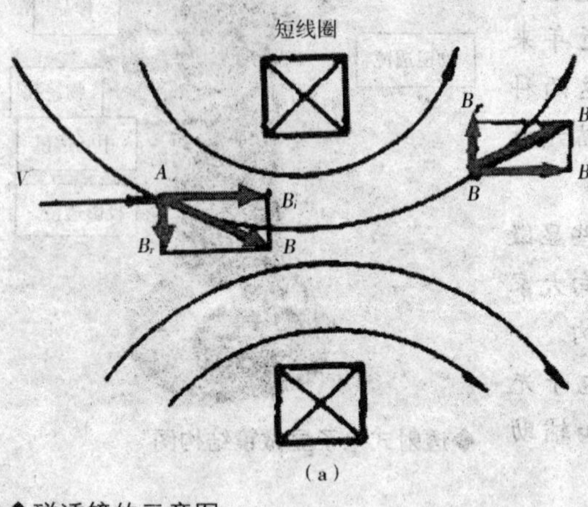

◆磁透镜的示意图

电子枪是用来发射电子的，由阴极、栅极和阳极组成。阴极发射的电子通过栅极上的小孔形成射线束，经阳极电压加速后射向聚光镜，阳极起到对电子束加速的作用，所以加速电压的稳定度要求不低于万分之一。聚光镜的作用是以电子枪、交叉点的直径 2r 作为初光源，将它会聚到样品平面上，并且通过调节样品平面处的照明孔径角，改变电流密度和照明区域的大小。一般可认为交叉点的尺寸为几十微米。为了保持一定的亮度，而且使电子束斑对样品加热的影响限制在最低限度，通常要求样品处的束斑为几个微米。聚光镜必须把电子束斑缩小。在高性能电镜中，对于不同样品的要求有不同的束斑大小。一般高性能的电镜都采用了双聚光镜，即第一聚光镜和第二聚光镜。

电子显微镜的样品一般是用 3 毫米直径的铜网支载的。样品室的任务就是置换样品。由于电子显微镜的特殊性，我们一般对样品室的设计做下面的几个要求：

1. 必须要在高真空的条件下置换样品。

2. 样品置换机构应该尽可能灵活。

3. 在一次抽气条件下能放置较多的样品。

样品室的具体结构视电镜类型的不同而不同，但是基本上是由以下几个部分组成的：样品架、样品预抽室和样品架爪钩及传送机构。

物镜是电子显微镜中最重要的部分，就是靠近样品的放大磁透镜。形成样品一次放大图像。为了获得高的分辨率，一般透镜的焦距应尽可能短，磁性应尽可能强。样品应放在靠近物镜位置，一般放在物镜的前焦距附近。物镜放大倍数一般为 100～200 倍。另外，物镜的设计还必须考虑可以安装多种附件。

为了获得几十万倍的放大率，电子显微镜的成像系统一般由物镜、中间镜和投影镜组成。中间透镜是一个可变倍率的弱透镜。它的作用是将物镜成的一次像再放大，并成像于投影镜的物平面上。中间透镜的放大倍率比较低，在 0 到 20 倍之间。

投影镜的作用是把经过中间透镜所形成的二次像放大到荧光屏上，形成最终的电子显微图像。它的放大倍率在 100～200。

> 你知道为什么中间透镜的放大倍数这么低吗？它可以去掉吗？

观察室位于投影镜的下方，室内有一块荧光屏，电子图像就是在这个荧光屏上转换为可见光图像的。对于观察室的设计和要求也是提供尽可能大的观察窗，以便较多的人能够同时进行观察。其次，因为观察室需要承受整个镜筒的重量，所以它的机械强度一定要好。在观察室内壁需要涂黑，以免光的反射。

讲　解

什么是绝对真空？

绝对真空是指完全没有任何物质的空间。绝对真空是永远达不到的。

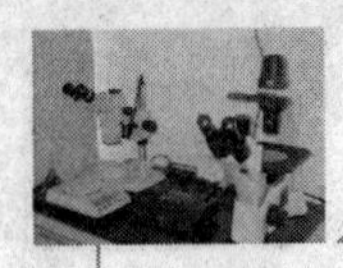

电子真空系统

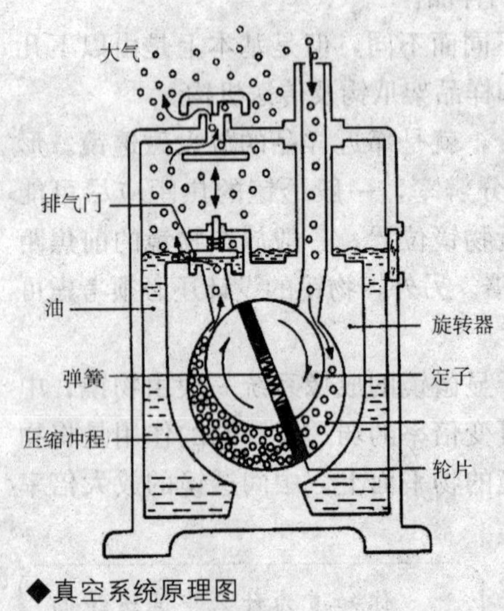

◆真空系统原理图

电子显微镜的真空系统是保障显微镜内的真空状态，这样电子在其路径上不会被吸收或偏向。为了防止电子在行进过程中受到气体分子的干扰，电镜内部保持的真空度要在 10^{-5} 托（10^{-8}大气压）以上。电源系统的高稳定度也是保证图象质量的重要因素之一。如果镜筒内真空度差，将导致气体分子与高速电子发生相互作用，就会降低像的反差；其次，如果真空度不高，里面的气体就会产生电离和放电，也会使电子束发射不稳定；第三，残余气体会与白炽灯丝发生作用，这样会降低灯丝的寿命；最后，残余气体也会影响样品的纯度。

真空系统包括低真空系统、高真空系统、真空管道阀门及其控制系统和真空检测装置。其中低真空系统包括机械泵、贮气筒和预抽室。高真空系统包括油扩散泵和离子泵。

供电系统

电子显微镜的供电系统主要由加速电源、磁透镜激磁电源和辅助电源三部分构成。供电系统也是相当重要的，如果电源不稳定，对电子显微镜的成像也是有很大的影响的。例如高压波动引起电子束波长波动，引起透镜对电子束聚焦能力的改变；透镜电流波动会引起透镜焦距改变，从而影响到成像质量。因此，电子显微镜对电源的稳定度是有要求的。

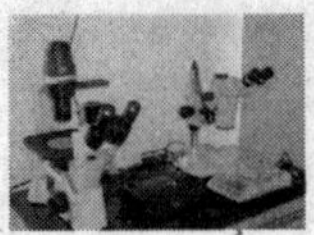

辅助系统

辅助系统包括了水冷、气动和起重等几个部分，水冷系统对大部分电镜来说是必须的，其他部分要根据仪器性能的完善程度，可有可无。

水冷系统的主要作用是冷却油扩散泵的外壁及上部的油挡板。同时，磁透镜中的线圈在工作时产生的热量也必须通过冷却水带走，否则将会使透镜工作不稳定，还会产生样品的热飘移。气动真空阀门由专门设计的气缸活塞带动，能够使活塞随着阀门供电情况而往复运动。

电子显微镜是比较重的一种仪器，有时候换个零件确实很困难。因此，为了减轻使用和维护人员的劳动强度，多数电子显微镜都配有起重架。起重架有手动、电动、液动和气动等几种类型，但以手动居多。

1. 电子枪是如何发射电子的？
2. 电子显微镜有没有目镜？
3. 电子显微镜为什么要在真空的环境下发射电子？

“高速公路”上的勇者
——透射式电子显微镜

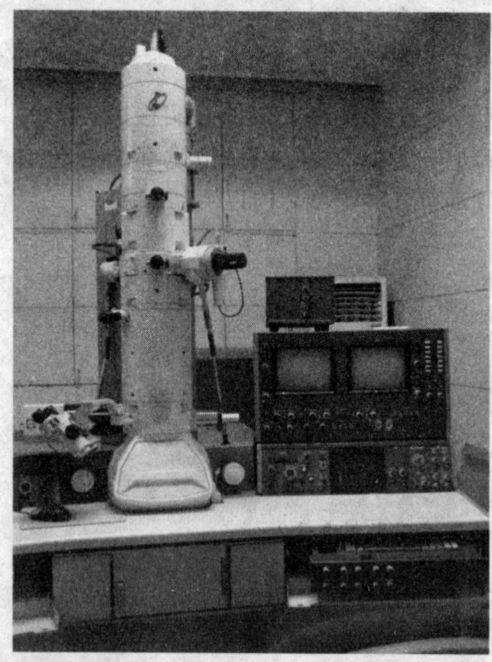
◆透射式电子显微镜

在简单地了解了电子显微镜的发展历程以及原理和结构的基础上，让我们再一次走进各种不同的电子显微镜，看看它们各自的原理、结构和使用方法等。首先，我们将向大家介绍电子显微镜的始祖——透射式电子显微镜。顾名思义，透射式电子显微镜是利用电子透射过物体而获得相应的被检测物体的图像的。那么，电子究竟是怎么个透射法呢？让我们一起来看个究竟吧！

知识库

超薄切片机

制作供透射式电子显微镜用的超薄切片的切片机，可将各种包埋剂包埋的样品用玻璃刀或钻石刀切成50纳米以下的超薄切片。超薄切片机有机械推进式和金属热膨胀式两种类型。

透射式电镜的简介

之前我们介绍过光学显微镜的一些基本知识，知道了在光学显微镜下，我们是无法看清小于0.2微米的细微结构的，我们把这些结构称为亚显微结构或超微结构。要想看清这些结构，就必须选择波长更短的光源，以提高显微镜的分辨率。1932年卢斯卡发明了以电子束为光源的透射式电子显微镜（TEM）。由德布罗意的物质波理论我们可以知道，当把电子束加速到很高的速度时，它的波长会很短，比可见光和紫外光要短得多，因为电子束的波长与发射电子束的电压平方根成反比，也就是说电压越高波长越短。目前透射式电子显微镜的分辨力可达0.2纳米。

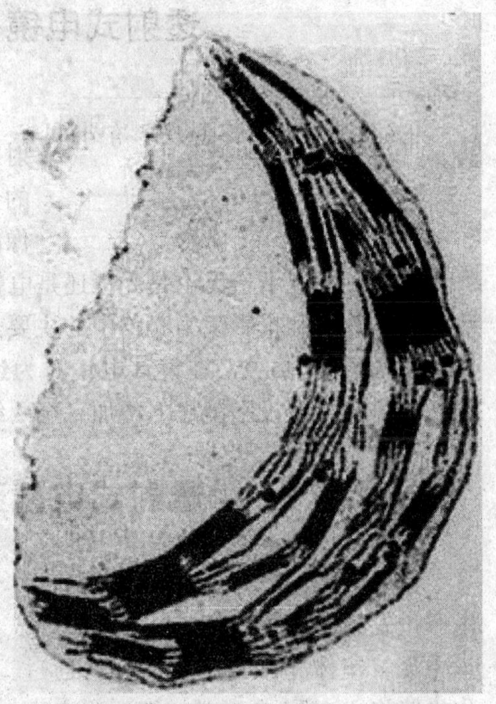

◆电镜下叶绿体的亚显微结构

电子显微镜与光学显微镜的成像原理基本一样，所不同的是前者用电子束作光源，用电磁场作透镜。另外，由于电子束的穿透力很弱，因此用于电镜的标本须制成厚度约50纳米左右的超薄切片。这种切片需要用超薄切片机制作。电子显微镜的放大倍数最高可达近百万倍，由电子照明系统、电磁透镜成像系统、真空系统、记录系统、电源系统等五部分构成，如果细分的话：主体部分是电子透镜和

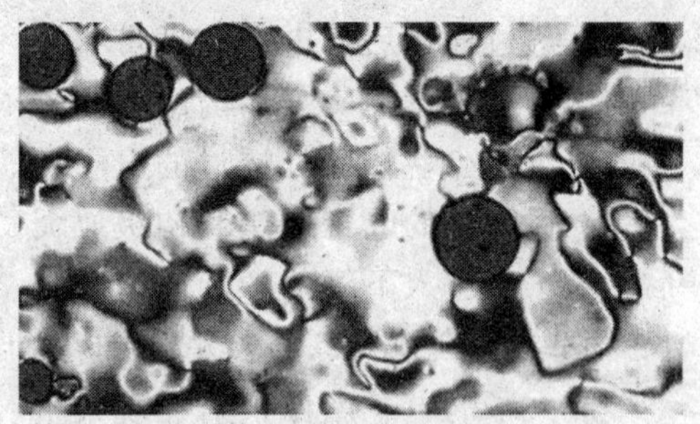

◆电子显微镜下的液晶分子形态

显像记录系统，由置于真空中的电子枪、聚光镜、样品室、物镜、中间镜、投影镜、荧光屏和照相机等组成。

透射式电镜 VS 光镜

显微镜的分辨率和波长有什么关系？

透射式电子显微镜（TEM）与投射式光学显微镜的原理很相近，它们的光源、透镜虽不相同，但放大和成像的方式却其相似。

在实际情况下，无论是光镜还是电镜，其内部结构是很复杂的，其中聚光镜、物镜和投影镜为光路中的主要透镜，实际制作中它们往往各是一组（多块透镜构成），在设计电镜时为达到所需的放大率、减少畸变和降低像差，又常在投影镜之上增加一至两级中间镜。

透射式电镜工作原理

透射电镜的总体工作原理是：由电子枪发射出来的电子束，在真空通道中沿着镜体光轴穿越聚光镜，通过聚光镜将之会聚成一束尖细、明亮而又均匀的光斑，照射在样品室内的样品上；透过样品后的电子束携带有样品内部的结构信息，样品内致密处透过的电子量少，稀疏处透过的电子量多；经过物镜的会聚调焦和初级放大后，电子束进入下级的中间透镜和第1、第2投影镜进行综合放大成像，最终被放大了的电子影像投射在观察室内的荧光屏板上；荧光屏将电子影像转化为可见光影像以供使用者观察。

◆透射式电子显微镜

小贴士——阴极

阴极是电子枪的关键部件之一，它决定电子枪的发射能力和寿命。目前世界上用于电子直线加速器上的电子枪，其阴极的形式多种多样，归纳起来可以有2种划分方法：

1. 轰击型：其加热方式是通过在热子（灯丝）和阴极之间加上几百乃至上千伏的轰击电压，在此电压下，从热子发射的电子轰击阴极，使阴极加热到一定温度后从其表面发射出大量电子来。

2. 加热型：这种阴极，化合物层固定在薄壁的底托上（镍管或钼管），底托下面放着耐热绝缘的螺旋钨丝。电流流过灯丝，灯丝烧热阴极，当阴极达到发射电子的温度时，就发射出电子来。

讲解

为什么样品内致密处透过的电子量少，稀疏处透过的电子量多？

入射的电子通过样品时，透射量与样品的厚度有关。样品越厚，电子与原子核碰撞概率就越大，散射量就越多，透射量就越少。样品的质量同样影响电子的透射量。样品的质量越大，说明原子核越大，那么原子核所带的正电荷也就越多，核周围的电子云也越多，当然散射的电子也就越多，透射的电子就越少。

所以说样品内致密处透过的电子少，稀疏处透过的电子多。

电子枪的工作原理

在灯丝电源作用下，电流流过灯丝阴极，使之发热达2500℃以上时，便可产生自由电子并逸出灯丝表面。加速电压使阳极表面聚集了密集的正电荷，形成了一个强大的正电场，在这个正电场的作用下自由电子便飞出了电子枪外。调整灯丝电源可使灯丝工作在欠饱和点，电镜使用过程中可根据对亮度的需要调节栅偏压的大小来控制电子束流量的大小。

电镜中加速电压也是可调的，当它增大时，电子束的波长λ缩短，有

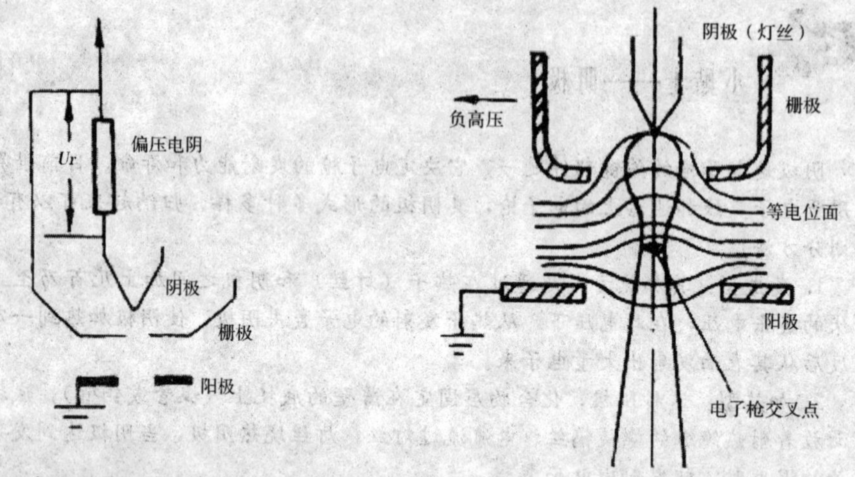

◆电子枪原理示意图

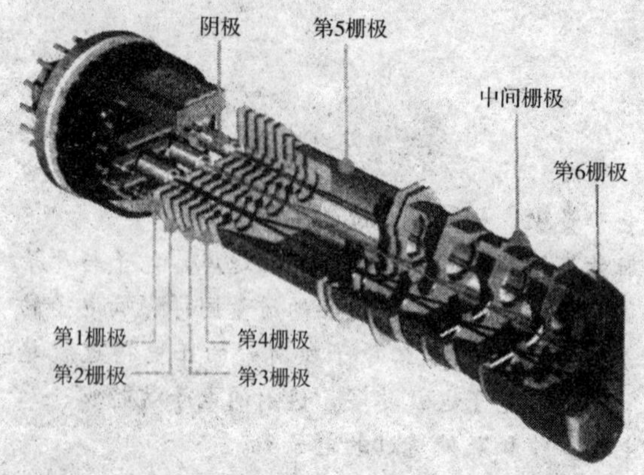

◆电子枪结构示意图

利于电镜分辨力的提高。同时穿透能力增强，对样品的热损伤小，但此时会由于电子束与样品碰撞，导致弹性散射电子的散射角随之增大，成像反差会因此而有所下降。所以，在不追求高分辨率观察应用时，选择较低的加速电压反而可以获得较大的成像反差，尤其对于自身反差对比较小的生物样品，选用较低的加速电压有时是有利的。

还有一种新型的电子枪叫场发射式电子枪，由 1 个阴极和 2 个阳极构成，第 1 阳极上施加一稍低（相对第 2 阳极）的吸附电压，用以将阴极上面的自由电子吸引出来，而第 2 阳极上面的极高电压，将自由电子加速到很高的速度发射出电子束流。这需要超高电压和超高真空为工作条件。

显微镜中的“大侦探”——扫描式电子显微镜

扫描电子显微镜主要用于试样的显微形貌观察及微区成分分析，它的应用范围很广，除液体及气体外的试样，均可用扫描电镜进行观察，且对试样没有损耗，所需的样品量也很少。我们可以用扫描电子显微镜对易燃易爆物品进行观察与分析；当然也可以对未知产品进行剖析，如确定成分等；金属材料的断口分析、失效分析也可以用它来研究；还可以用它对耐高温材料、光缆纤维、金刚石膜进行形貌观察以及对生物细胞及植物花粉的观察；在考古研究中和刑事侦破中，也可以用它进行分析。而且通过它特有的线扫描及面扫描分析这一功能，我们还可以分析自己感兴趣元素的分布情况呢！究竟是怎样的结构让它能有如此强大的功能呢，看了下面的介绍，你就知道了！

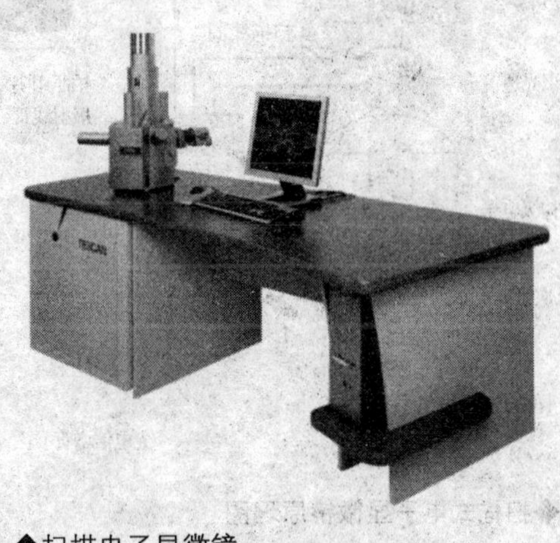

◆扫描电子显微镜

扫描电子显微镜概述

扫描电子显微镜（SEM）是1965年发明的较现代的细胞生物学研究工具，主要是利用二次电子信号成像来观察样品的表面形态，即用极狭窄的电子束去扫描样品，通过电子束与样品的相互作用产生各种效应，其中主要是样品的二次电子发射。二次电子能够产生样品表面放大的形貌像，这个像是在样品被扫描时按时序建立起来的，即使用逐点成像的方法获得

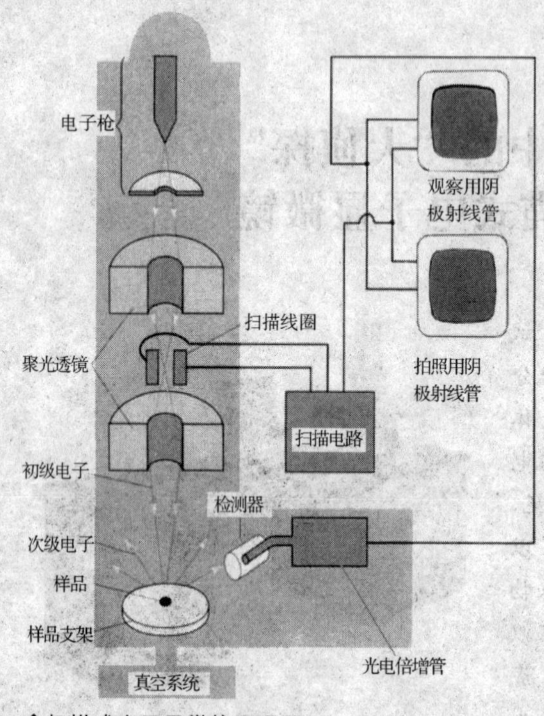

◆扫描式电子显微镜原理图

放大像。

扫描电子显微镜的制造是依据电子与物质的相互作用。当一束高能的入射电子轰击物质表面时，被激发的区域将产生二次电子、俄歇电子、特征 X 射线和连续谱 X 射线、背散射电子、透射电子，以及在可见光、紫外光、红外光区域产生的电磁辐射。同时，也可产生电子—空穴对、晶格振动（声子）、电子振荡（等离子体）。原则上讲，利用电子和物质的相互作用，可以获取被测样品本身的各种物理、化学性质的信息，如形貌、组成、晶体结构、电子结构和内部电场或磁场等。扫描电子显微镜正是根据上述不同信息产生的机理，采用不同的信息检测器，使选择检测得以实现。如对二次电子、背散射电子的采集，可得到有关物质微观形貌的信息；对 X 射线的采集，可得到物质化学成分的信息。正因如此，根据不同需求，可制造出功能配置不同的扫描电子显微镜。

小 书 屋

在原子壳层中产生电子空穴后，处于高能级的电子可以跃迁到这一层，同时释放能量。当释放的能量传递到另一层的一个电子，这个电子就可以脱离原子发射，被称为俄歇电子。

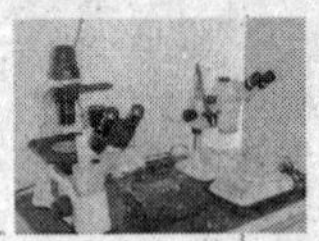

小知识——让真空柱真空的原因

1. 电子束系统中的灯丝在普通大气中会迅速氧化而失效，所以除了在使用SEM时需要用真空以外，平时还需要以纯氮气或惰性气体充满整个真空柱。

2. 为了增大电子的平均自由程，从而使得用于成像的电子更多。

扫描电子显微镜的组成

扫描电子显微镜由三大部分组成：真空系统，电子束系统以及成像系统。

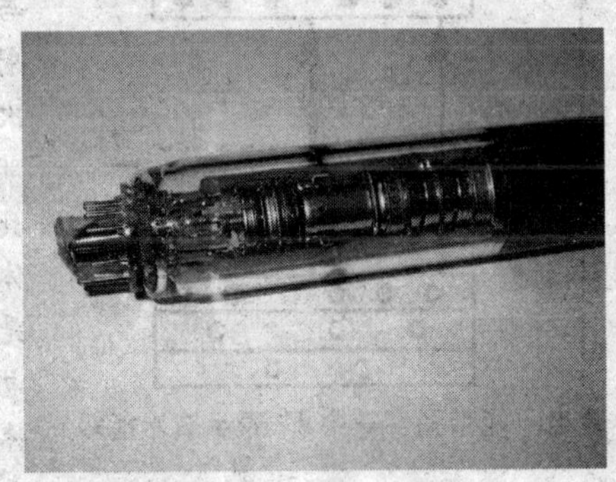

◆电子枪

真空系统主要包括真空泵和真空柱两部分。真空柱是一个密封的柱形容器。真空泵用来在真空柱内产生真空，有机械泵、油扩散泵以及涡轮分子泵三大类。机械泵加油扩散泵的组合可以满足配置钨枪的SEM的真空要求，但对于装置了场致发射枪或六硼化镧枪的SEM，则需要机械泵加涡轮分子泵的组合。

成像系统和电子束系统均内置在真空柱中。真空柱底端即为密封室，用于放置样品。

电子束系统由电子枪和电磁透镜两部分组成，主要用于产生一束能量分布极窄的、电子能量确定的电子束用以扫描成像。

电子枪用于产生电子，主要有两大类，共三种。一类是利用场致发射效应产生电子，称为场致发射电子枪。这种电子枪极其昂贵，且需要极高的真空。但它具有至少1000小时以上的寿命，且不需要电磁透镜系统。另一类则是利用热发射效应产生电子，有钨枪和六硼化镧枪两种。钨枪寿命在30～100小时之间，价格便宜，但成像不如其他两种明亮，常作为廉价或标准SEM配置。六硼化镧枪寿命介于场致发射电子枪与钨枪之间，为200～1000小时，价格约为钨枪的10倍，图像比钨枪的明亮5～10倍，需要略高于钨枪的真空，但比钨枪容易产生过度饱和和热激发问题。

热发射电子需要电磁透镜来成束，所以在用热发射电子枪的 SEM 上，电磁透镜必不可少。

链接：场致电子发射

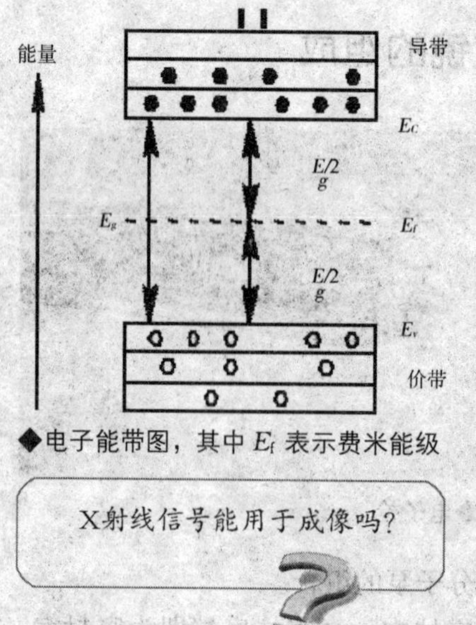

◆电子能带图，其中 E_f 表示费米能级

场致电子发射现象是在强外加电场作用下固体表面发生的发射电子的现象。它与热电子发射、光电子发射和二次电子发射的不同之处在于：热电子、光电子和二次电子的发射是由于固体内部电子获得外部给予的能量而被激发，当被激发的电子具有高于表面逸出势垒的动能时就逸出固体表面而形成电子发射，而场致电子发射是利用加在物体表面的强电场来削弱阻碍电子逸出物体的力，并利用隧道效应使固体向真空发射出电子，由于外加强电场使表面势垒高度降低，宽度变窄，电子穿透势垒的几率增加，因而发射电流随之迅速增加，其电子主要来自费米能级附近较窄范围的能带上。

X射线信号能用于成像吗？

电子经过一系列电磁透镜成束后，打到样品上与样品相互作用，会产生次级电子、背散射电子、欧革电子以及 X 射线等一系列信号。所以需要不同的探测器譬如次级电子探测器、X 射线能谱分析仪等来区分这些信号以获得所需要的信息。有些探测器造价昂贵，比如 Robinsons 式背散射电子探测器，

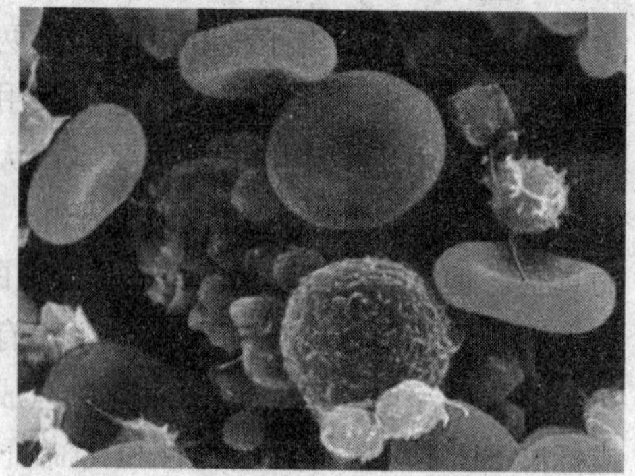
◆扫描电子显微镜下的人类红细胞

这时，可以使用次级电子探测器代替，但需要设定一个偏压电场以筛除次级电子。

想一想议一议

光—电信号如何转换?

我们知道，荧光屏最后显示出来的图像是我们能够用来分析物质的。但是，电子束被探测器接收后变成光信号，然后光信号要变成电信号才能在荧光屏上显示，那么，你知道是如何让光信号变成电信号的吗?

扫描电子显微镜的原理

SEM 的工作原理是用一束极细的电子束扫描样品，在样品表面激发出次级电子，次级电子的多少与电子束入射角有关，也就是说与样品的表面结构有关，次级电子由探测器收集，并在那里被闪烁器转变为光信号，再经光电倍增管和放大器转变为电信号来控制荧光屏上电子束的强度，显示出与电子束同步的扫描图像。图像为立体形象，反映了标本的表面结构。为了使标本表面发射出次级电子，标本在固定、脱水后，要喷涂上一层重金属微粒，重金属在电子束的轰击下发出次级电子信号。

1. 扫描电子显微镜与透射电子显微镜的主要不同点是什么?
2. 扫描电子显微镜是如何分析物质的组成的?
3. 声子是什么?
4. 电子束与样品的相互作用都能产生哪些效应?

展望未来
——新一代电子显微镜的发展趋势及应用

电子显微镜是20世纪最伟大的发明之一，随着科学技术的发展，这一伟大的发明也将更加地强大起来。不仅技术上有了很大的提高，同时，各种配套的设备也在紧跟其后，为研究贡献它们自身的力量。

场发射枪电子显微镜日趋普及

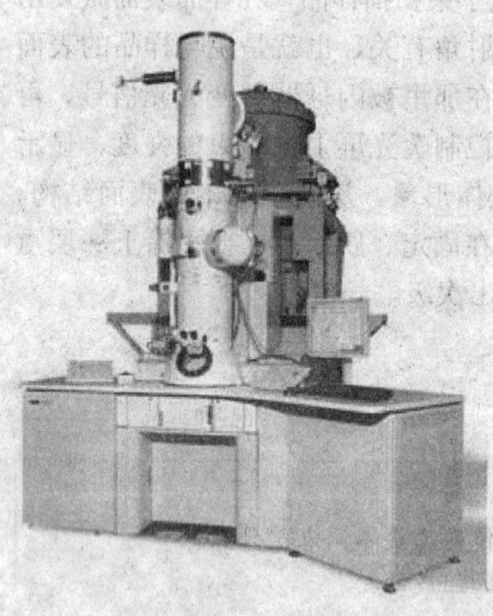

◆场发射枪电子显微镜

我们之前介绍过，场发射枪透射电镜能够提供高亮度、高相干性的电子光源。因而能在原子——纳米尺度上对材料的原子排列和种类进行综合分析。20世纪90年代中期，这种电镜全世界只有几十台；然而随着科学技术的发展，现在已经增至上千台。我国目前也有百台以上场发射枪透射电子显微镜。

常规的热钨灯丝（电子）枪扫描电子显微镜，分辨率最高只能达到3.0纳米；新一代的场发射枪扫描电子显微镜，其分辨率优于1.0纳米；对于部分超高分辨率的扫描电镜，其分辨率甚至高达0.5～0.4纳米。其中环境扫描电子显微镜可以做到：真正的“环境”条件，样品可在100%的湿度条件下观察；生物样品和非导电样品不要镀膜，可以直接上机进行动态的观察和分析；可以“一机三用”，高真空、低真空和“环境”三种工作模式。

分辨率进一步提高

努力发展新一代单色器、球差校正器，以进一步提高电子显微镜的分辨率。常规的透射电镜的球差系数 *Cs* 约为毫米级，现在的透射电镜的球差系数已降低到 *Cs*＜0.05 毫米；常规的透射电镜的色差系数约为 0.7，现在的透射电镜的色差系数已减小到 0.1。物镜球差校正器把场发射透射电镜分辨率提高到信息分辨率，即从 0.19 纳米提高到 0.12 纳米甚至于小于 0.1 纳米。利用单色器的同时，也要同时考虑单色器的束流的减少问题。聚光镜球差校正器把 STEM 的分辨率提高到小于 0.1 纳米的同时，聚光镜球差校正器把束流提高了至少 10 倍，非常有利于提高空间分辨率。在球差校正的同时，色差大约增大了 30%左右。因此，校正球差的同时，也要同时考虑校正色差。

镜

场发射透射电镜、STEM 技术、能量过滤电镜已经成为材料科学研究，甚至生物医学必不可少的分析手段和工具。

知识广播

球差亦称球面像差。轴上物点发出的光束，经光学系统以后，与光轴夹不同角度的光线交光轴于不同位置，因此，在像面上形成一个圆形弥散斑，这就是球差。一般是以实际光线在像方与光轴的交点相对于近轴光线与光轴交点（即高斯像点）的轴向距离来度量它。

链接：材料科学

材料科学是研究材料的组织结构、性质、生产流程和使用效能，以及它们之间相互关系的科学。材料科学是多学科交叉与结合的结晶，是一门与工程技术密不可分的应用科学。中国的材料科学研究水平位居世界前列，有些领域甚至居于世界领先水平。

与计算机网络相结合

电子显微镜分析工作迈向计算机化和网络化。在仪器设备方面，目前扫描电镜的操作系统已经使用了全新的操作界面。用户只需按动鼠标，就可以实现电镜镜筒和电气部分的控制以及各类参数的自动记忆和调节。不同地区之间，可以通过网络系统，演示如样品的移动、成像模式的改变、电镜参数的调整等，以实现对电镜的遥控作用。

电镜在纳米材料中的应用

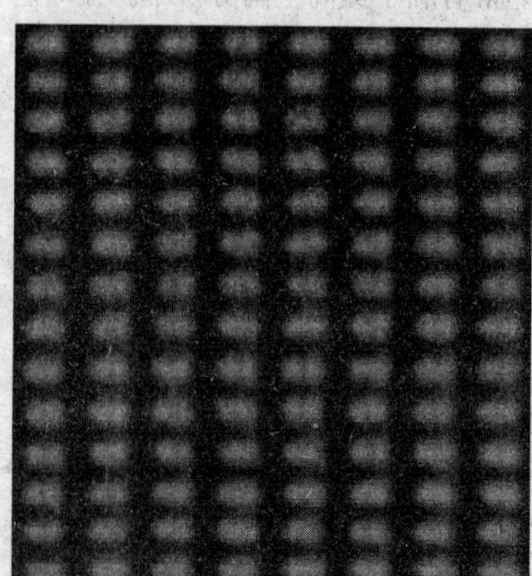

◆扫描电镜下的原子世界

由于电子显微镜的分析精度逼近原子尺度，所以利用场发射枪透射电镜，用直径为0.13纳米的电子束，不仅可以采集到单个原子的Z一衬度像，而且还可采集到单个原子的电子能量损失谱。即电子显微镜可以在原子尺度上同时获得材料的原子和电子结构信息。观察样品中的单个原子像，始终是科学界长期追求的目标。一个原子的直径约为一千万分之二至一千万分之三毫米。所以，要分辨出每个原子的位置，需要0.1纳米左右的分辨率的电镜，并把它放大约一千万倍才行。人们预测，当材料的尺度减小到纳米尺度时，其材料的光、电等物理性质和力学性质可能具有独特性。因此，纳米颗粒、纳米管、纳米丝等纳米材料的制备，以及其结构与性能之间关系的研究成为人们十分关注的研究热点。

利用电子显微镜，一般要在200千伏以上超高真空场发射枪透射电镜上，可以观察到纳米相和纳米线的高分辨率电子显微镜像、纳米材料的电子衍射图和电子能量损失谱。如，在电镜上观察到内径为0.4纳米的纳米

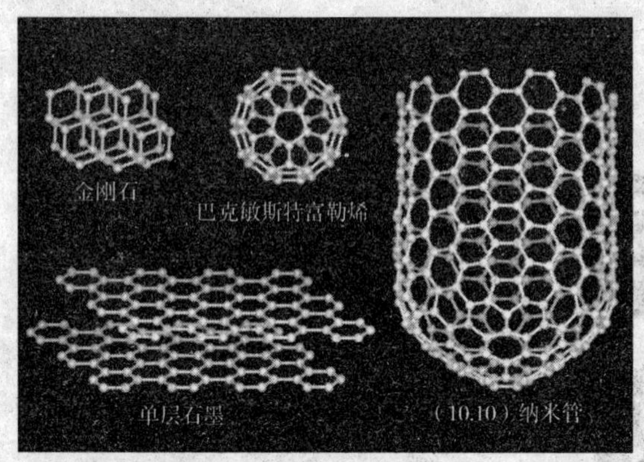

◆纳米碳管石墨层等的结构图

碳管、Si—C—N 纳米棒、以及 Li 掺杂 Si 的半导体纳米线等。

在生物医学领域，纳米胶体金技术、纳米硒保健胶囊、纳米级水平的细胞器结构，以及纳米机器人可以小如细菌，从事在血管中监测血液浓度，清除血管中的血栓等的研究工作，可以说都与电子显微镜这个工具分不开。

总之：扫描电镜、透射电镜在材料科学特别纳米科学技术上的地位日益重要。稳定性、操作性的改善使得电镜不再是少数专家使用的高级仪器，而变成普及性的工具；更高分辨率依旧是电镜发展的最主要方向；扫描电镜和透射电镜的应用已经从表征和分析发展到原位实验和纳米可视加工；聚焦离子束（FIB）在纳米材料科学研究中得到越来越多的应用；FIB/SEM 双束电镜是目前集纳米表征、纳米分析、纳米加工、纳米原型设计的最强大工具。

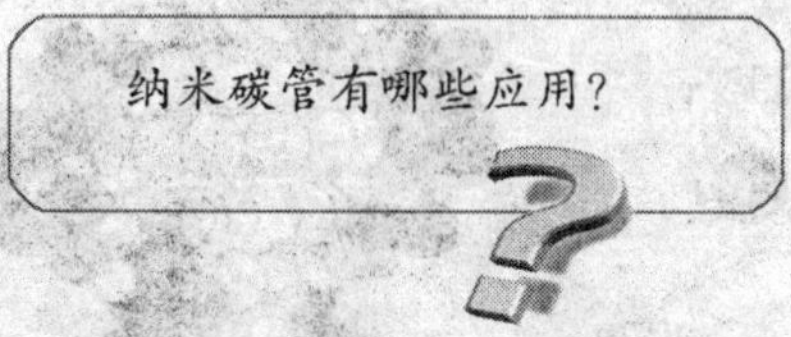

科技文件夹——生物大分子

生物大分子指的是作为生物体内主要活性成分的各种分子量达到上万或更多的有机分子。常见的生物大分子包括蛋白质、核酸、脂质、糖类。

这个定义只是概念性的，与生物大分子对立的是小分子物质（二氧化碳、甲烷等）和无机物质，实际上生物大分子的特点在于其表现出的各种生物活性和在生物新陈代谢中的作用。

当前生物电子显微学的研究热点

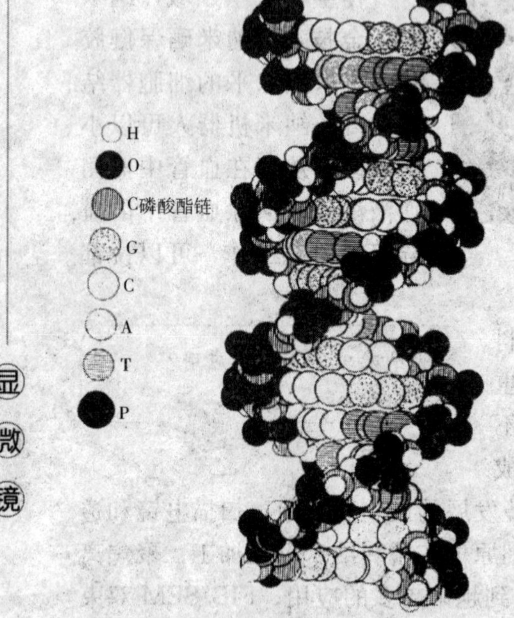

◆生物大分子——DNA 分子结构模型

低温电镜技术和三维重构技术是当前生物电子显微学的研究热点，主要是研讨利用低温电子显微镜（其中还包括了液氦冷台低温电镜的应用）和计算机三维像重构技术，测定生物大分子及其复合体三维结构。如，利用冷冻电子显微学测定病毒的三维结构和在单层脂膜上生长膜蛋白二维晶体及其电镜观察和分析。

当今结构生物学引起人们的高度重视，因为从系统的观点看生物界，它有不同的层次结构：个体、器官、组织、细胞、生物大分子。虽然生物大分子处于最低位置，可它决定高层次系统间的差异。三维结构决定功能结构是应用的基础：药物设计、基因改造、疫苗研制开发、人工构建蛋白等，有人预言结构生物学的突破将会给生物学带来革命性的变革。

电子显微学是结构测定重要手段之一。低温电子显微术的优点是：样品处于含水状态，分子处于天然状态；由于样品在辐射下产生损伤，观测时须采用低剂量技术；观测温度低，增强了样品耐受辐射能力；可将样品冻结在不同状态，观测分子结构的变化，通过这些技术，使各种生物样品的观察分析结果更接近真实的状态。

高性能电荷耦合文件（CCD）相机日渐普及

CCD 的优点是灵敏度高，噪音小，具有高信噪比。在相同像素下 CCD

的成像往往通透性、明锐度都很好，色彩还原、曝光可以保证基本准确，摄像头的图像解析度/分辨率也就是我们常说的多少像素，在实际应用中，摄像头的像素越高，拍摄出来的图像品质就越好，对于同一画面，像素越高的产品它的解析图像的能力也越强，但相对它记录的数据量也会大得多，所以对存储设备的要求也就高得多。

◆CCD发明者——维拉·博伊尔和乔治·史密斯

当今的TEM领域，新开发的产品完全是计算机控制的，图像的采集通过高分辨的CCD摄像头来完成，而不是照相底片。数字技术的潮流正从各个方面推动TEM应用以至整个实验室工作的彻底变革。尤其是在图像处理软件方面，许多过去认为不可能的事正在成为现实。

1. 你了解什么是显微镜的分辨率吗？
2. 低温电镜技术有什么优势？
3. 电子显微镜有哪些重要的参数？

量子隧道效应
——扫描隧道显微镜

电子显微镜可以获得许多引人入胜的显微图像，其逼真度和立体感令许多外行着迷。通过电子显微镜，人们可以观察到气味分子进入蝴蝶触须的途径。材料科学家利用电子显微镜可以从原子尺度研究得到材料的微观结构及化学成分的信息。生理学家可以通过电子显微镜对神经组织进行研究，还可以动态观察病毒进入细胞的过程。用显微镜检查计算机芯片制造过程中的焊接裂缝会十分清楚。但是，受电子显微镜本身的设计原理和现代加工技术手段的限制，目前它的分辨本领已经接近极限。要进一步研究比原子尺度更小的微观世界必须要有概念和原理上的根本突破。

扫描隧道显微镜的成功问世

◆低温扫描隧道显微镜

1978年，一种新的物理探测系统——“扫描隧道显微镜”（STM）已被德国学者宾尼格和瑞士学者罗雷尔系统地论证了，并于1982年制造成功。扫描隧道显微镜亦称为“扫描穿隧式显微镜”、“隧道扫描显微镜”，是一种利用量子理论中的隧道效应探测物质表面结构的仪器。1988年中国科学院白春礼和姚俊恩研制出了我国的第一台扫描隧道显微镜。这种新型的显微镜，放大倍数可达3亿倍，最小可分辨的两点距离为原子直径的1/10，也就是说它的分辨率高达0.1埃。

扫描隧道显微镜采用了全新的工作原

理，它利用一种电子隧道现象，将样品本身作为一个电极，另一个电极是一根非常尖锐的探针，把探针移近样品，并在两者之间加上电压，当探针和样品表面相距只有数十埃时，由于隧道效应在探针与样品表面之间就会产生隧穿电流，并保持不变，若表面有微小起伏，哪怕只有原子大小的起伏，也将使隧穿电流发生成千上万倍的变化，这种携带原子结构的信息，被输入电子计算机，经过处理即可在荧光屏上显示出一幅物体的三维图像。

知识库——隧道效应

由微观粒子波动性所确定的量子效应。又称势垒贯穿。考虑粒子运动遇到一个高于粒子能量的势垒，按照经典力学，粒子是不可能越过势垒的；按照量子力学可以解出除了在势垒处的反射外，还有透过势垒的波函数，这表明在势垒的另一边，粒子具有一定的概率贯穿势垒。隧道效应是一种微观世界的量子效应，对于宏观现象，实际上不可能发生。

◆隧道效应

在势垒一边平动的粒子，当动能小于势垒高度时，按经典力学，粒子是不可能穿过势垒的。对于微观粒子，量子力学却证明它仍有一定的概率穿过势垒，实际也正是如此，这种现象称为隧道效应。对于谐振子，按经典力学，由核间距所决定的位能决不可能超过总能量。量子力学却证明这种核间距仍有一定的概率存在，此现象也是一种隧道效应。

鉴于卢斯卡发明电子显微镜，宾尼格、罗雷尔设计制造扫描隧道显微镜的业绩，瑞典皇家科学院决定，将1986年诺贝尔物理奖授予他们三人。

隧道针尖

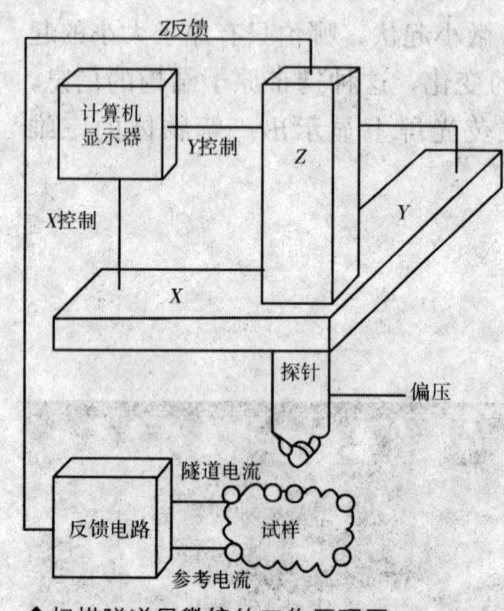

◆扫描隧道显微镜的工作原理图

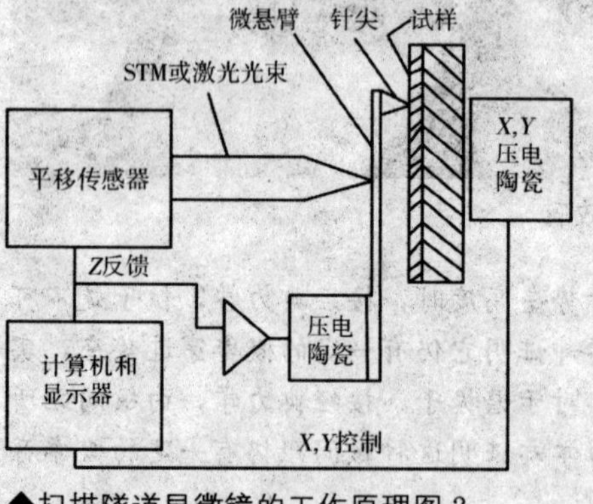

隧道针尖的结构是扫描隧道显微技术要解决的主要问题之一。针尖的大小、形状和化学同一性不仅影响着扫描隧道显微镜图像的分辨率和图像的形状，而且也影响着测定的电子态。

针尖的宏观结构应使得针尖具有高的弯曲共振频率，从而可以减少相位滞后，提高采集速度。如果针尖的尖端只有一个稳定的原子而不是有多重针尖，那么隧道电流就会很稳定，而且能够获得原子级分辨的图像。针尖的化学纯度高，就不会涉及系列势垒。例如，针尖表面若有氧化层，则其电阻可能会高于隧道间隙的阻值，从而导致针尖和样品间产生隧道电流之前，两者就发生碰撞。

◆扫描隧道显微镜的工作原理图 2

目前制备针尖的方法主要有电化学腐蚀法、机械成型法等。制备针尖的材料主要有金属钨丝、铂—铱合金丝等。钨针尖的制备常用电化学腐蚀法。而铂—铱合金针尖则多用机械成型法，一般直接用剪刀剪切而成。不论哪一种针尖，其表面往往覆盖着一层氧化层，或吸附一定的杂质，这经常是造成隧道电流不稳、噪音大和扫描隧道显微镜图像的不可预期性的原因。因此，每次实验前，都要对针尖进行处理，一般用化学法清洗，去除表面的氧化层及杂质，保证针尖具有良好的导电性。

工作方式

恒流模式是利用一套电子反馈线路控制隧道电流，使其保持恒定。再通过计算机系统控制针尖在样品表面扫描，即使针尖沿横向、纵向两个方向作二维运动。由于要控制隧道电流不变，针尖与样品表面之间的局域高度也会保持不变，因而针尖就会随着样品表面的高低起伏而作相同的起伏运动，高度的信息也就由此反映出来。这就是说，STM得到了样品表面的三维立体信息。这种工作方式获取图像信息全面，显微图像质量高，应用广泛。

◆用原子做的“艺术品”

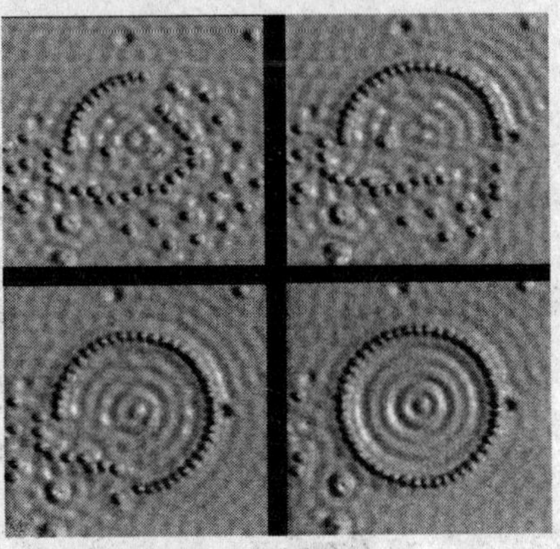

◆铜基底上的铁原子

恒高模式是对样品进行扫描过程中保持针尖的绝对高度不变；于是针尖与样品表面的局域距离将发生变化，隧道电流的大小也随着发生变化；通过计算机记录隧道电流的变化，并转换成图像信号显示出来，即得到了STM显微图像。这种工作方式仅适用于样品表面较平坦且组成成分单一（如由同一种原子组成）的情形。

从STM的工作原理可以看到：STM工作的特点是利用针尖扫描样品表面，通过隧道电流获取显微图像，而不需要光源和透镜。这正是得名“扫描隧道显微镜”的原因。

具体应用

STM工作时，探针将充分接近样品产生一高度空间限制的电子束，因

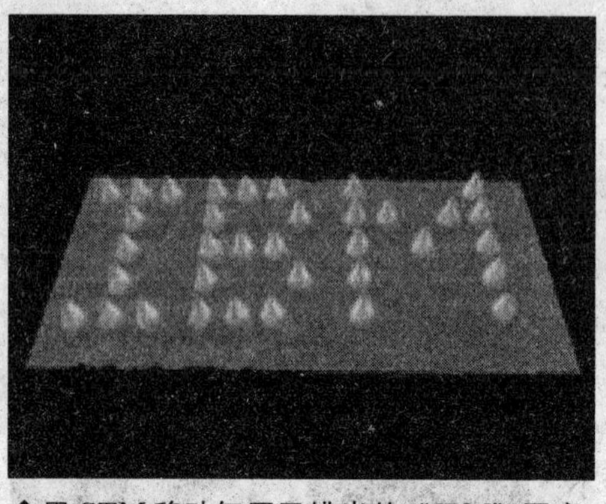
◆用 STM 移动氙原子排出的“IBM”图案

此在成像工作时，STM 具有极高的空间分辨率，可以进行科学观测。

STM 在对表面进行加工处理的过程中可实时对表面形貌进行成像，用来发现表面各种结构上的缺陷和损伤，并用表面淀积和刻蚀等方法建立或切断连线，以消除缺陷，达到修补的目的，然后还可用 STM 进行成像以检查修补结果的好坏。

STM 在场发射模式时，针尖与样品仍相当接近，此时用不很高的外加电压（最低可到 10 伏左右）就可产生足够高的电场，电子在其作用下将穿越针尖的势垒向空间发射。这些电子具有一定的束流和能量，由于它们在空间运动的距离极小，至样品处来不及发散，故束径很小，一般为毫微米量级，所以可能在毫微米尺度上引起化学键断裂，发生化学反应。

当 STM 在恒流状态下工作时，突然缩短针尖与样品的间距或在针尖与样品的偏置电压上加一脉冲，针尖下样品表面微区中将会出现毫微米级的坑、丘等结构上的变化。针尖进行刻写操作后一般并未损坏，仍可用它对表面原子进行成像，以实时检验刻写结果的好坏。

1. 你知道隧道效应是谁发现的吗？
2. 恒高模式和恒流模式有什么区别？
3. 扫描隧道显微镜是电子显微镜的一种吗？
4. 扫描隧道显微镜在微加工中有哪些应用？

“微力放大器”——原子力显微镜

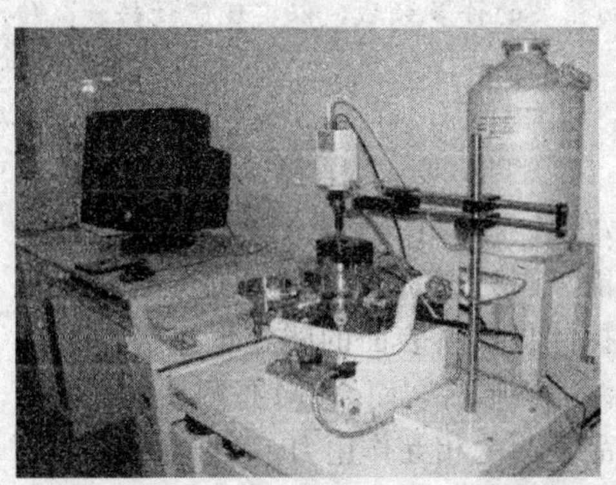

◆原子力显微镜

前面我们介绍了扫描隧道显微镜，接着，宾尼（Binnig）、盖勒（Gerber）、奎特（Quate）在扫描隧道显微镜的基础上又开发成功了首台原子力显微镜（AFM）。听着名字，我们可以想象原子力显微镜的基本原理应该是利用原子间的相互作用力。下面，我们就一起来了解一下什么是原子力显微镜吧！

原子力显微镜概述

原子力显微镜是以扫描隧道显微镜基本原理发展起来的扫描探针显微镜。1985 年原子力显微镜的出现无疑为纳米科技的发展起到了推动作用。它是利用一种小探针在样品表面上扫描，以提供高放大倍率的观察。原子力显微镜能提供各种类型样品的表面状态信息。

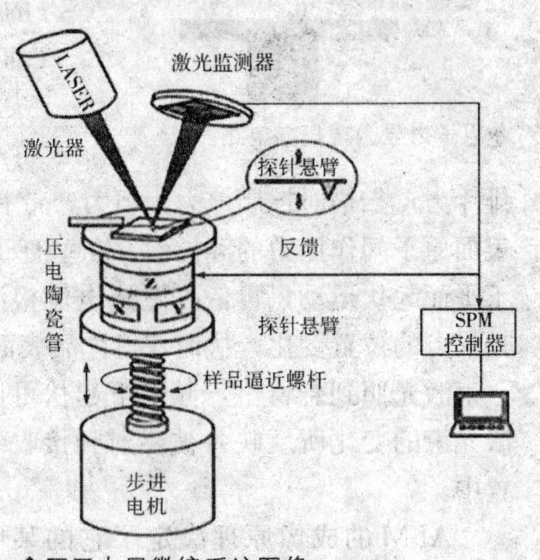

◆原子力显微镜系统图像

知识库——压电陶瓷

压电陶瓷属于无机非金属材料。这是一种具有压电效应的材料。所谓压电效应是指某些介质在力的作用下，产生形变，引起介质表面带电，这是正压电效应。反之，施加激励电场，介质将产生机械变形，称逆压电效应。这种奇妙的效应已经被科学家应用在与人们生活密切相关的许多领域，以实现能量转换、传感、驱动、频率控制等功能。

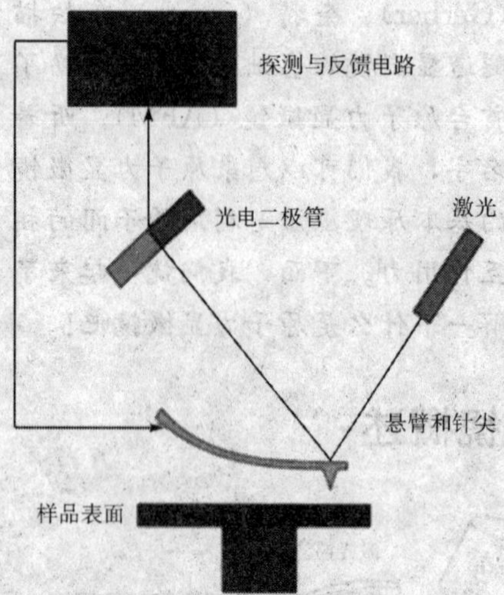

◆原子力显微镜扫描电路

STM要求样品表面导电，而AFM可以测试绝缘体的表面形貌和性能。因为STM的基本原理是通过测量探针与样品表面的隧道电流大小来探测表面形貌，而AFM是测量探针与样品表面的相互作用力。AFM由4个部分组成：机械运动部分、悬臂偏转信号光学检测系统、控制信号反馈系统、成像和信息处理软件系统。机械部分的运动（探针上、下以及横向扫描运动）是由精密的压电陶瓷控制的。针尖与样品之间有一定的接触，针尖原子与样品原子之间有10^{-8}～10^{-6}牛的排斥力，扫描时控制该力为恒力，带有针尖的微悬臂将对应于针尖与样品表面原子间作用力的等位面，在垂直于样品的表面方向，随样品表面凹凸不平而起伏运动，再依据隧道电流检测法，用STM测量微悬臂对应于各扫描点的位置变化，从而获得样品表面的形貌信息。后来该方法被改成用一束激光照到悬臂上，其上下起伏可由激光束的变化所反映并被反射到接收装置中。

你知道AFM相对于其他显微镜有哪些优点吗？

AFM的成像原理决定了它的某些

优点是其他显微技术所不具备的：由于可在液态环境中工作，故 AFM 可在生理条件下对活细胞进行观察，并可实时观察某些动态的生化反应；分辨率极高，横向分辨率最高可达 0.1 纳米，纵向分辨率甚至可达 0.01 纳米，已超过普通电镜的分辨本领；成像时间短，可捕捉一些快速反应过程。由于这些优点，使 AFM 的应用早已不局限在材料科学领域，而越来越多地被应用于生命科学研究的各个方面。

AFM 操作模式

原子力显微镜 AFM 操作模式有以下几种：

（1）接触模式：最早的模式，探针和样品直接接触，探针容易磨损，因此要求探针较软，即悬臂的弹性系数小。

（2）轻敲模式：探针在外力驱动下共振，探针部分振动位置进入力曲线的排斥区，因此探针间隙性地接触样品表面。探针要求很高的悬臂弹性系数来避免与样品表面的微层水膜咬死。此模式对样品作用力小，对软样品特别有利于提高分辨率。同时探针的寿命也较接触模式的稍长。

AFM 探针分类及各探针优缺点

在 AFM 中，探针是比较重要的一个结构。下面，我们说一下各种探针的分类以及它们的优缺点。AFM 探针基本都是由 MEMS 技术加工硅或者四氮化三硅来制备。探针针尖半径一般为十到几十纳米。微悬臂通常由一个 100～500 微米长和大约 500 纳米至 5 微米厚的硅片或氮化硅片制成。典型的硅微悬臂大约 100 微米长、10 微米宽、数微米厚。

◆各种探针

原子力显微镜的探针主要有以下几种：

非接触式探针是最常用的一种，分辨率高，使用寿命一般。使用过程

◆探针

中探针不断磨损，分辨率容易下降。主要应用于表面形貌观察。

导电探针是通过对普通探针镀10～50纳米厚的铂（以及其他提高镀层结合力的金属，如铬、钛、铂和铱等）得到。导电探针应用于静电显微镜，开尔文探针力显微镜，扫描隧道显微镜等。导电探针分辨率比轻敲和按触模式的探针差，使用时导电镀层容易脱落，导电性难以长期保持。导电针尖的新产品有碳纳米管针尖、金刚石镀层针尖、全金刚石针尖、全金属丝针尖，这些新技术克服了普通导电针尖的短寿命和分辨率不高的缺点。

磁性探针：应用于磁力显微镜，通过在普通轻敲模式和接触模式的探针上镀钴、铁等铁磁性层制备，分辨率比普通探针差，使用时导电镀层容易脱落。

大长径比探针：大长径比针尖是专为测量深的沟槽以及近似铅垂的侧面而设计生产的。特点：不太常用的产品，分辨率很高，使用寿命一般。

金刚石探针是在硅探针的针尖部分上加一层类金刚石碳膜，另外一种是全金刚石材料制备（价格很高）。这两种金刚石碳探针具有很大的耐久性，减少了针尖的磨损从而增加了使用寿命。

此外，还有生物探针（分子功能化）、力调制探针、压痕仪探针等。

1. 原子力显微镜的探针尖头是由几个原子构成的？
2. 原子力显微镜的探针下方有一个正方体的透明晶体，它有什么作用呢？
3. 如何调整激光的照射方向，以获得最好的图像？
4. 压电陶瓷在原子力显微镜中起到什么作用？

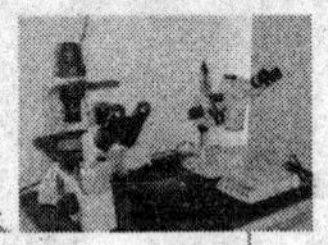

用肉眼看单个原子
——“TEAM 0.5”显微镜

美国能源部国家电子显微镜中心（NCEM）装配完成了世界上性能最强大的电子显微镜（“TEAM 0.5”显微镜），该显微镜的分辨率可以达到0.5埃（1埃为一亿分之一厘米）。通过这台显微镜，科学家们可以观测到比单个氢原子还要小的微小物体。

TEAM计划简介

TEAM计划是由美国能源部基础能源科学司投资数千万美元资助的显微学项目。该项目将促成一台新型显微镜的诞生。这台能在0.5埃分辨率下直接观察和分析纳米结构的显微镜，必将创造卓越的新科学良机。0.5埃大约是碳原子大小的1/3，也是原子尺度研究的一个关键尺寸。

链 接

电子显微学领域的五家主要实验室是：阿贡国家实验室，Brookhaven国家实验室，劳伦斯伯克力国家实验室，橡树岭国家实验室，Frederick Seitz材料研究室。

在此项独一无二的计划中，电子显微学领域颇有建树的五家主要实验室通力合作，并筛选出FEI公司为研发伙伴。每家实验室分别在这项雄心勃勃的使命中担当不同的角色，以期实现直接观察原子尺度的有序度、电子结构、单体纳米结构的动态等。提议中的电子显微镜，自成一小型材料科学实验室，可进行实时的分析和特征描述，以促进独特的多学科交叉研究。

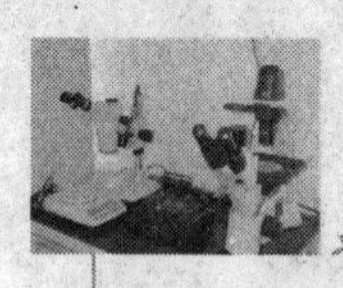

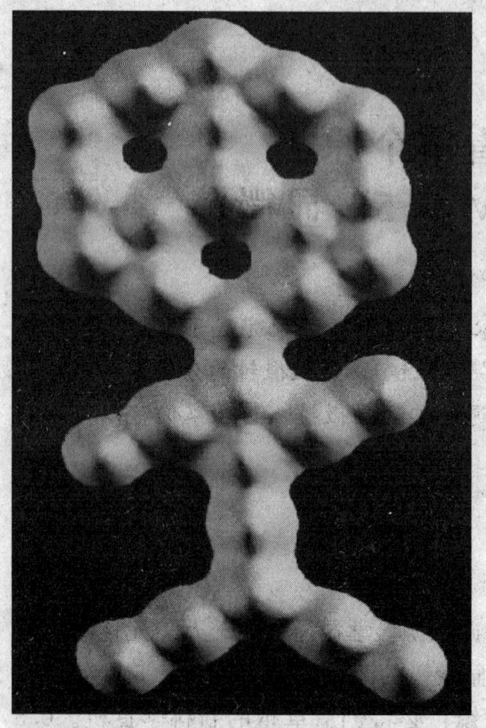

◆扫描电镜下的碳原子组成的“小人”

像差矫正电子显微技术将是TEAM显微镜的核心。为达到0.5埃分辨率而需要的更密集、更明亮的电子束，也会导致更强的样品信息、更高的图像衬度、更灵敏的分析本领以及史无前例的空间分辨率。

传统的透射电子显微镜（TEM）和扫描隧道电子显微镜的分辨率有限，不能让研究人员从原子水平来研究材料。利用这台“TEAM0.5”显微镜可以让各个学科的科学家清晰地观察到原子级别的结构，能比先前更加准确地分析各种物质的结构。

“TEAM 0.5”显微镜由于分辨率出众，因此将成为世界最好的显微镜，而且，其对照和低信噪比也比其他电子显微镜更胜一筹。由于其信噪比如此好，可以对一个个原子调焦，再加上足够好的灵敏度，因此可以获得单个纳米粒子的三维原子结构的立体信息。

为达到这种分辨率，“TEAM 0.5”显微镜采用了最先进的技术，包括超稳定电子装置、改进的失常校正器和特别明亮的电子源。球面像差是由镜头形状导致的，会使图像降级，使光点看起来像圆盘，校正之后能产生戏剧性的惊人效果，使图像面目一新。在此新显微镜中，一系列不同几何形状的多极磁铁镜头可塑造电子束。电子显微镜校正球面像差理论上早就可行，但直到最近才成为实际应用。这是因为当今的稳定电子装置可减小漂移，还有快速的电脑能实时连续地进行调焦。“TEAM 0.5”显微镜可校正更高序列的失常，包括球面像差。

小贴士——原子

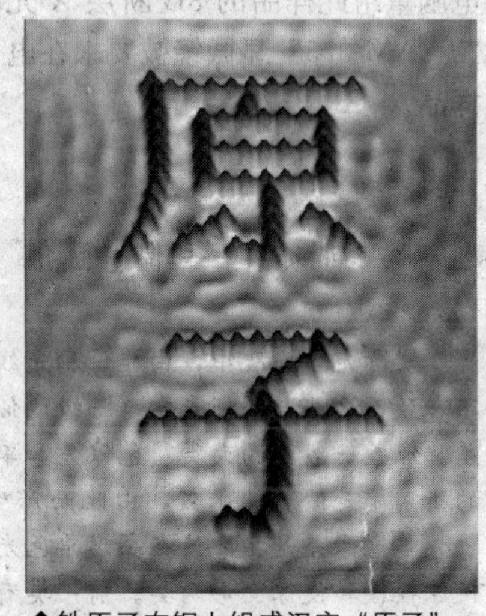

◆铁原子在铜上组成汉字“原子”

物质是由分子或直接由原子组成的，分子本身也是由原子组成的。原子极其微小，打个比方，如果全世界的人一起来数一滴水中的原子，需要数上3万年！原子虽小，但它的内部却很复杂，它有一个核，称为原子核，核由中子和质子组成。核的外面还有比核小得多的电子围绕着核飞速旋转。不同物质的原子大小有区别，质子、电子等的数量也不同。人们无法通过光学显微镜直接看到原子，但扫描电子显微镜可以将原子的大概模样展现给我们。1970年，美国科学家第一次观察到了单个的铀原子，1978年日本科学家拍摄到第一张原子照片。1990年，IBM公司的科学家展示了一项令世人瞠目结舌的成果，他们在金属镍表面用35个惰性气体氙原子组成“IBM”三个英文字母。这说明科学家们可以将原子在一个位置吸住，再搬运到另一个地方放下。

在FEI公司进行的初步测试中，此显微镜能看到2个金晶体接触时单

◆两个金晶原子组合在一起

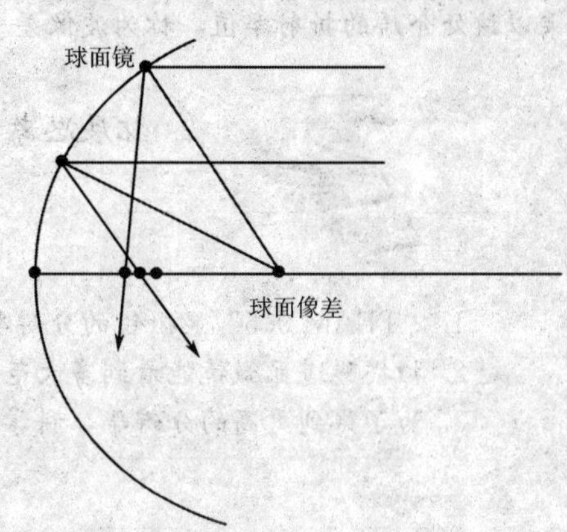

◆镜头的球面像差

个原子及其搭建的“纳米桥”，只有几十埃宽，将 2 个晶体连接起来。从一个方向到另一个方向，研究人员看到单个金原子在不断变换位置。

为了解决单个原子在结构中的位置，得从不同角度进行拍照，之后，电脑重组此样品的 3D 断层 X 光扫描图或 CAT 扫描图。为做到这一点，“TEAM 0.5”显微镜被要求在电子束下倾斜和旋转样品，向各个方向移动样品。

小资料——像差简介

实际光学系统中，由非傍轴光线追迹所得的结果和傍轴光线追迹所得的结果不一致，这些与高斯光学（一级近似理论或傍轴光线）的理想状况的偏差，叫像差。像差一般分两大类：色像差和单色像差。色像差简称色差，是由于透镜材料的折射率是波长的函数，由此而产生的像差。它可分位置色差和放大率色差两种。单色像差是指即使在高度单色光时也会产生的像差，按产生的效果，又分成使像模糊和使像变形两类。前一类有球面像差、慧形像差和像散，后一类有像场弯曲和畸变。实际的光学系统存在着各种像差。一个物点所成的像是综合各种像差的结果。此外实际光学系统完全可以不调焦在理想像平面处，这时像差（指在这个实像面上的像斑）当然也要变化。在天文上常用光线追迹的点列图来表示实际像差；也可用波像差来表示像差，由一个物点发出的光波是球面波，经过光学系统后，波面一般就不再是球面的。它与某一个基准点为中心的球面的偏离量，乘以该处介质的折射率值，称为波像差。

拓展思考

1. “TEAM 0.5”显微镜的分辨率为何会如此高?
2. 扫描隧道显微镜能看到多大范围内的原子?
3. 为了得到更高的分辨率，科学家们是如何来改进电子束的?

显微镜前沿资讯
——新一代显微镜大比拼

在科学技术日新月异的今天，基于300多年前的显微镜的发展也随着时代的发展而快速前进。电子显微镜是在光学显微镜的分辨率到达极限的情况下应运而生的，那么，下面给大家介绍的几款最新的显微镜，可以说是在电子显微镜的大小、操作、图像的立体感以及使大家能够方便使用等方面下了不少功夫。下面，就让大家一起欣赏这些高科技的“神奇”的显微镜吧！

新型显微镜填补光学和电子镜间成像空白

通过之前的介绍，大家都了解了光学显微镜很容易操作，但是其有效放大率却通常限定在了1000倍以内。电子显微镜常用放大倍率为10万倍，但是操作起来却非常困难。不过目前，一种重要的新型显微镜却填补了光学和电子显微镜之间的成像空白。我们通常将这种新型显微镜称之为桌面或者长椅电子扫描显微镜。这种显微镜不仅可以提供20000倍的有效放大率，更重要的是我们可以把它当作光学显微镜那样放在桌面上来使用，因此，它可以非常方便地用作典型的实验室级光学显微镜。

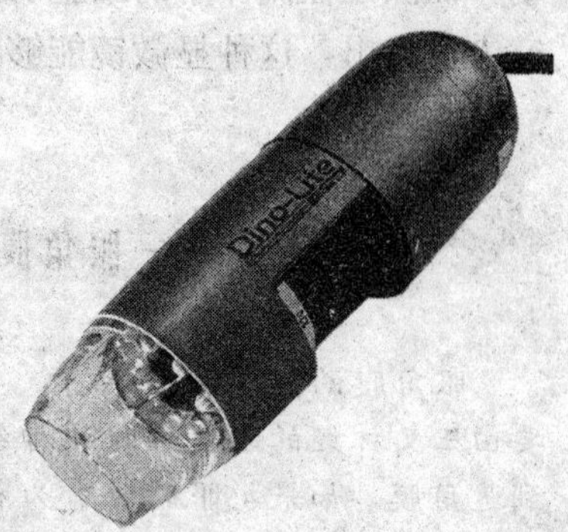

◆新型显微镜

这些新型显微镜设备研制出来的时间正是恰到好处，填补了光学显微镜和电子显微镜之间的性能空白。该新型显微镜具有观察5纳米至100纳米之间大小物体特征的能力，这正是快速发展的纳米技术领域中的一个关键大小范围。

硬币大小显微镜

◆硬币大小的显微镜

当你眺望一片晴朗的蓝天时是否会发现黑点？当光线接触到人眼角膜后的流体中的微小颗粒时便会发生这种情况。

据美国《科学》杂志在线新闻报道，这些微粒将阴影直接投射到视网膜上，从而让人在没有镜头的前提下也能够看到这些污点。如今，研究人员利用相同的原理研制了一台显微镜，其直径只有一枚硬币大小，而功能却足以观测孢子和单细胞。在这台显微镜中，流体在基部的小孔中流动，而漂浮在流体中的细胞所投射的阴影则能够被计算机芯片捕捉到。研究人员指出，这种显微镜能够在野外用来观察病原体。

小知识——眼角膜

眼角膜的感觉神经丰富，主要由三叉神经的眼支经睫状神经到达角膜。如果把眼睛比喻为相机，眼角膜就是相机的镜头，眼睑和眼泪都是保护“镜头”的装置。在我们毫无知觉的情况下，眼皮会眨动，在每次眨眼时，就有眼泪在眼角膜的表面蒙上一层薄薄的泪膜，来保护“镜头”。

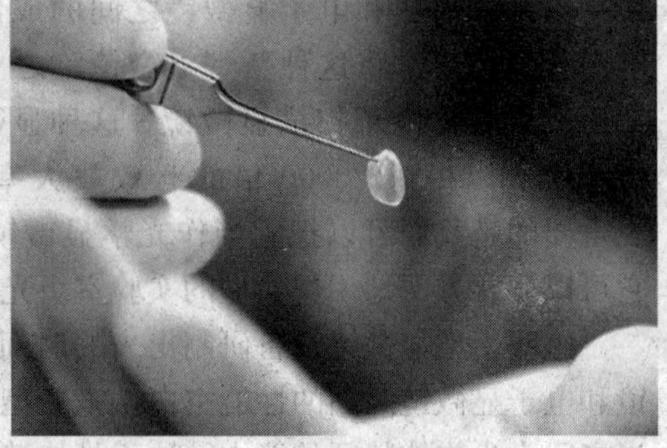
◆眼角膜捐献

由于眼角膜是透明的，上面

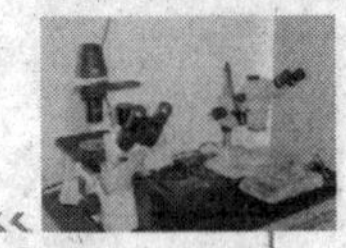

没有血管。因此，眼角膜主要是从泪液中获取营养，如果眼泪所含的营养成分不够充分，眼角膜就变得干燥，透明度就会降低。角膜也会从空气中获得氧气，所以一觉醒来后很多人会觉得眼睛有些干燥。

能拍摄多色彩立体细胞结构影像的显微镜

一种新型的显微镜能够展示高清晰度、多色彩的三维画面，它比以前用的传统显微镜能揭示出更多的细节。此技术能区别细胞内彩色立体的组成结构，捕捉多色彩的三维立体细胞的画面，甚至能够给细胞不同的成分标记上不同的颜色。即使它们只相隔 100 纳米远，也能分别得清楚。这是一个前所未有的壮举。这一新的发展使得分子细胞生物学有了令人感兴趣的新视角。

我们知道，光学显微镜具有衍射局限性，其清晰度通常不足大约一半的可见光光波长度，约 200 纳米。如果两个物体靠近的距离小于这一数值，光学显微镜就无法将它们彼此识别出来。而使用更短波长的电子显微镜能看到更加细微的物体，但只限于黑白图像，且只能观察既薄又小的样本。如今，劳恩哈德小组研发的这种新型的显微镜——三维结构照明显微镜（3D—SIM）打破了这些限制，可以给最细微的样本结构拍下亮丽的立体图像。

显微镜

三维结构照明显微镜的原理是通过提取这些细微样本制造的干涉图，在电脑的帮助下重建其图像，即使在样本形状不能直接显现的情况下，此显微镜也能提取其形状有关的信息。就像你扫描一张打印照片时所出现的情况，你的眼睛不能分辨出此照片上非常细小的彩色点，但扫描仪能做到，但让你失望的是你看到了扫描图像上布满波纹和阴影。然而，

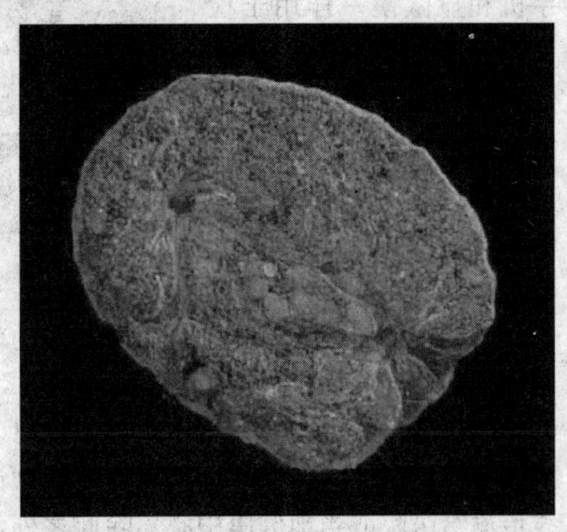

◆该显微镜下拍摄的三维细胞结构图

干涉图是在正交偏光下使用干涉球观察非均质体宝石时所呈现的由干涉条带及黑臂组成的图案，它是由于透过晶体的锥形偏振光所产生的消光与干涉效应的总和。

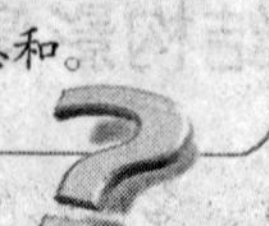

这些干涉图确实包含有价值的信息，但是，在数学和电脑的帮助下，我们能利用这些信息来重建其图像。

劳恩哈德小组利用它在大约 100 纳米的分辨率下观看到了哺乳动物老鼠的细胞，制造了高清晰度的图像，呈现出 3 种不同荧光颜色，而且 DNA、细胞核膜和膜孔都分别加有标签。

此技术可以更加细致地研究染色体和其他细胞组成部件是如何在细胞空间里分布的，甚至还能区别 DNA 片段中哪些是活跃基因，哪些是非活跃基因，这对研究衰老和疾病很有帮助。

手机显微镜

显微镜已在医学领域广为使用。美国研究人员研发出手机显微镜，只要对手机稍加改装，就能让手机和显微镜一样用于检测血液和细胞样本。如果这一技术得以推广，显微镜有望走入寻常百姓家中。

◆手机显微镜

美国加利福尼亚大学洛杉矶分校电子工程助理教授艾多安·厄兹詹是这一技术的主要研究人员。他把自己开发的软件安装在手机上，同时对手机硬件稍作改动，手机显微镜便应运而生。

厄兹詹介绍说，在使用手机显微镜时，只需将血液样本的显微镜载片插入手机的摄像头传感器，传感器便会“读”出载片内容，随后将信息无线传输给医院或当地健康中心。除此之外，手机显微镜能检测出病态血细胞或其他反常细胞，还能观察到白细胞增多。

相比传统显微镜，手机显微镜体积小巧，从血液样本中获得信息也更为全面，处理信息更为迅速。由于手机显微镜使用电子放大功能，不再需要透镜来放大倍率，因而体积小巧。

◆彩色全息图 1

手机显微镜使用全息成像技术，利用发光二极管发出两束光束，一束射向感光片，另一束经载片反射再射向感光片，由此形成全息图。由于传统显微镜视场较小，使用者必须手动调整载片才能看清样本全貌，但全息图能同时将载片上所有细胞尽收图中，手机显微镜能让人在一堆健康细胞里一眼就找到病原体。

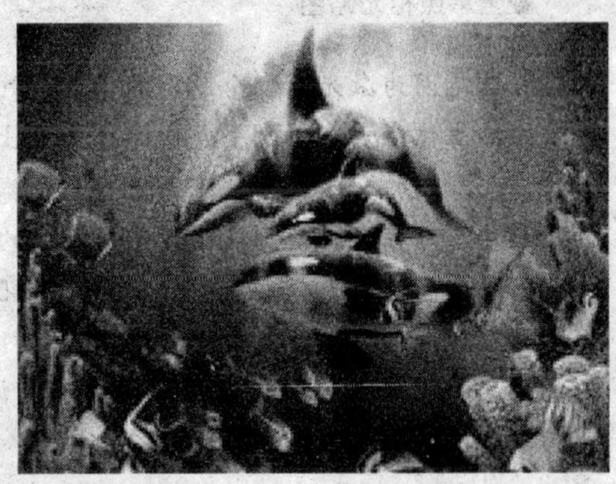
◆彩色全息图 2

因此，手机显微镜处理血液和其他样本的速度“有望大大超过显微镜”。

科技文件夹——全息摄影

全息摄影亦称“全息照相”，是一种利用波的干涉记录被摄物体反射（或透射）光波中信息（振幅、相位）的照相技术。全息摄影是通过一束参考光和被摄物体上反射的光叠加在感光片上产生干涉条纹而成。全息摄影不仅记录被摄物体反射光波的振幅（强度），而且还记录反射光波的相对相位。为了满足产生光的干涉条件，通常要用相干性好的激光作光源，而且光和照射物体的光是从同一束激光分离出来的。感光片显影后成为全息图，全息图并不直接显示物体的图像。用一束激光或单色光在接近参考光的方向入射，可以在适当的角度上观察到原物

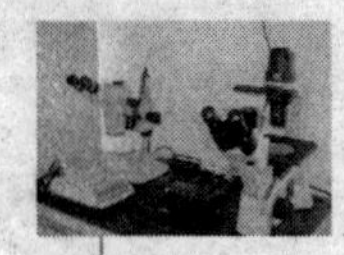

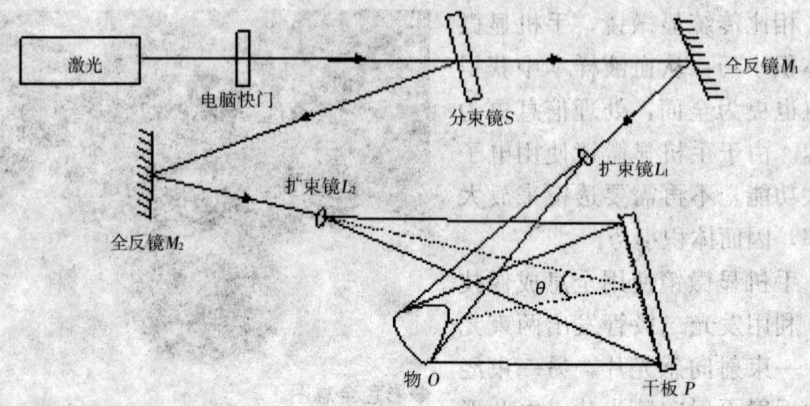

◆全息照相光路图

的像，这是因为激光束在全息图的干涉条纹上衍射而重现原物的光波。再现的像具有三维立体感。在摄制全息图时感光片上每一点都接收到整个物体反射的光，因此，全息图的一小部分就可再现整个物体。用感光乳胶厚度等于几个光波波长的感光片，可在乳胶内形成干涉层，制成的全息图可用白光再现。如果用红、绿和蓝三种颜色的激光分别对同一物体用厚乳胶感光片上摄制全息照片，经适当的显影处理后，可得到能在白光（太阳光或灯光）下观察的有立体感和丰富色彩的彩色全息图。全息摄影在信号记录、形变计量、计算机存储、生物学和医学研究、军事技术等领域得到广泛的应用。

1. 桌面电子扫描显微镜是如何填补光学显微镜和电子显微镜之间的空白的，它的核心技术是怎样的？

2. 前面介绍过的显微镜中，有哪些是可以将物体拍成三维图像的呢？

3. 手机显微镜的成功发明对我们以后制造显微镜有何启发？

看看我的作用吧

——显微镜对科学发展的贡献

显微镜的应用非常广泛，无论在医学、物理学、生物学，还是工业领域等都有应用。在生命科学方面，从与人们日常生活密切关联的医学临床检验，直到生物学对于生命起源、病毒、肿瘤及遗传工程等方面的理论研究，都要借助于显微镜进行微观的甚至是分子水平的观察分析。下面，让我们一起来回顾自显微镜诞生以来，它在各个领域的一些应用。

科学家的“好帮手”
——显微镜应用简述

物理学

在物理学方面，显微镜可用于研究分子和原子形态、晶体薄膜的缺陷的研究，包括晶体薄膜的位错和层错的研究、表面物理现象的研究等。

◆晶体缺陷

知识拓展1——表面物理学

表面物理学是研究固体表面的微观结构及其物理、化学性质的学科。表面是指固体表层一个或数个原子层的区域。由于表面层所处的特殊位置，使其各方面的性质与固体内部有明显差别，例如：由于偏析造成化学成分与体内不同，原子排列情形不同，表明能吸附外来原子或分子形成有序或无序的覆盖层等。合金中各组成元素在结晶时分布不均匀的现象称为“偏析”。

表面物理学在实验上是通过电子束、离子束、原子束、光子、热、电场和磁场等与表面的相互作用而得到有关表面结构、表面电子态、吸附物的品种、结合的类型和成键的取向等信息。

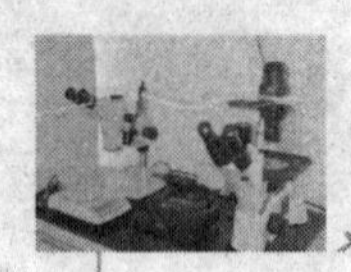

化　学

在化学方面，显微镜可用于以下方面的研究：高分子结构和性能方面的研究；一些有机复合材料的结构形态和添加剂的研究；催化剂的研究；各种无机物质性能、结构、杂质含量的研究；甚至可以对一些化学反应过程进行研究等。

知识拓展 2——高分子

◆各种工业催化剂

高分子是由大量一种或几种较简单结构单元组成的大型分子，其中每一结构单元都包含几个连结在一起的原子，整个高分子所含原子数目一般在几万以上，而且这些原子是通过共价键连接起来的。高分子化合物由于分子量很大，分子间作用力的情况与小分子大不相同，从而具有特有的高强度、高韧性、高弹性等。

生物学

显微镜在生物学上的研究更是非常显著，包括在分子生物学、分子遗传学及遗传工程方面的研究；人工合成蛋白质方面的研究以及对于各种细菌、病毒和噬菌体等微生物的研究。

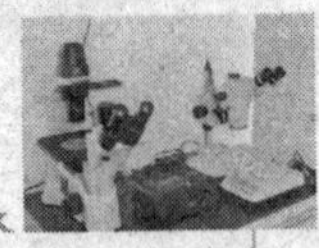

知识拓展3——噬菌体

噬菌体（bacteriophage，phage）是感染细菌、真菌、放线菌或螺旋体等微生物的病毒的总称，因部分能引起宿主菌的裂解，故称为噬菌体。20世纪初在葡萄球菌和志贺菌中首先被发现。噬菌体分布极广，凡是有细菌的场所就可能有相应噬菌体的存在。在人和动物的排泄物或污染的井水、河水中，常含有肠道菌的噬菌体。在土壤中，可找到土壤细菌的噬菌体。噬菌体有严格的宿主特异性，只寄居在易感宿主菌体内，故可利用噬菌体进行细菌的流行病学鉴定与分型，以追查传染源。由于噬菌体结构简单、基因数少，是分子生物学与基因工程的良好实验系统。

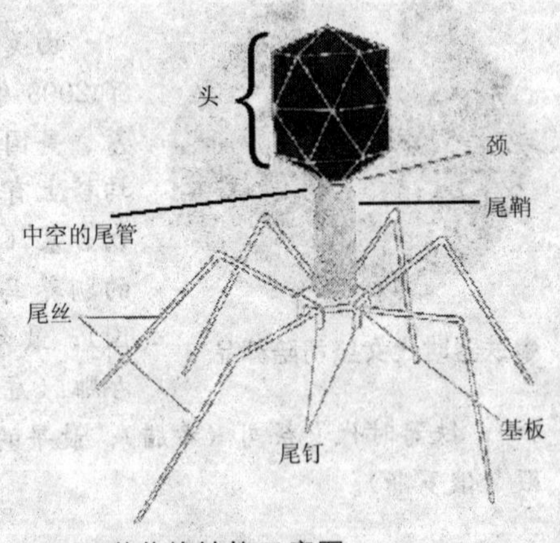

◆T4 噬菌体结构示意图

医药卫生

在医药卫生方面，显微镜可用于癌症发病机理的研究及早期诊断；药理及病理学方面的研究；计划生育和节育药物的研究；对病毒及干扰素方面的研究以及临床诊断等。

地质和考古

显微镜可用于地层的研究、分析和识别；矿石的分析研究；化石、古籍、古瓷及各种出土文物的研究；文物古董的真伪鉴别等方面的研究。

链接：2009 年十大考古发现

◆铁器时代女祭司陪葬品

由美国考古学会主办的《考古学》杂志曾公布了 2009 年十大最令人兴奋的考古发现，秘鲁莫切古墓、美国早期灌溉系统和英国盎格鲁撒克逊宝藏等均榜上有名。以下分别列出来这十大考古发现：莫切古墓（秘鲁）；《鲁拜集》陶罐（以色列）；最早的驯养马匹（哈萨克斯坦）；早期灌溉系统（美国）；最大盎格鲁撒克逊宝藏（英国）；《波波武经》浮雕（危地马拉）；世界上首个动物园（危地马拉）；铁器时代女祭司（希腊）；最早的化学战遗迹（叙利亚）；密特拉达特斯宫殿（俄罗斯）。

冶　金

显微镜可用于精密合金的性能和工艺研究；钢铁材料断口分析和夹杂物成分及分布的分析研究；耐高温、高强度金属材料及超导材料的研究；金相分析等。

电子元件

显微镜可用于各种半导体器件如超大规模集成电路等的失效分析和性能检查；硅单晶等各种半导体材料性能的分析研究；各种开关、电位器、接插件的可靠性研究和耐久性研究分析；录音磁带、磁粉晶形的分析检查等。

小知识——半导体的运用

最早的实用“半导体”是三极管或二极管。

1. 在无线电收音机及电视机中，作为“信号放大器/整流器”用。

2. 近来发展太阳能，也用在光电池中。

3. 半导体可以用来测量温度，测温范围可以达到生产、生活、医疗卫生、科研教学等应用的70%的领域，有较高的准确度和稳定性，分辨率可达0.1℃，甚至达到0.01℃也不是不可能，线性度0.2%，测温范围－100～＋300℃，是性价比极高的一种测温元件。

机械工业

机械工业中，显微镜用于热处理工艺、焊接工艺、铸造工艺等的研究；破损机件的断口分析等。

石油化工

显微镜可用于油田岩芯的研究分析；石油制品性能结构的研究和成分分析；催化剂的研究等。

纺织、轻工业

显微镜可用于羊毛纤维、纸张和粮食等的质量评定；合成纤维性能的研究；感光胶片的乳剂的研究等。

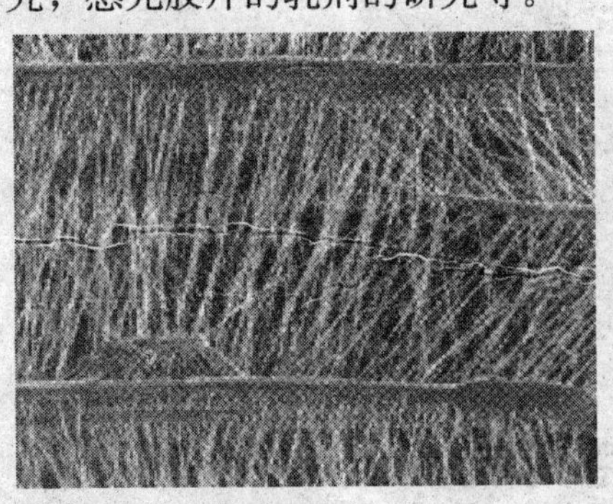

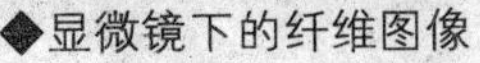

◆显微镜下的纤维图像

硅酸盐及无机材料

显微镜用于各种陶瓷、玻璃、云母、石墨、人造金刚石及新型建筑材料的性能结构和工艺研究、成分分析等。

小知识——云母

◆黑云母

云母是分布最广的造岩矿物，钾、铝、镁、铁、锂等层状结构铝硅酸盐的总称，具有连续层状硅氧四面体构造。分为3个亚类：白云母、黑云母和锂云母。白云母包括白云母及其亚种（绢云母）和较少见的钠云母；黑云母包括金云母、黑云母、铁黑云母和锰黑云母；锂云母是富含氧化锂的各种云母的细小鳞片。工业上尤其是电气工业中常用的是白云母和金云母。

原子能

显微镜可用于放射性同位素以及反应堆所用的特殊材料的研究。

你知道宇航材料应具有哪些特别的性质？

航空和空间技术

显微镜可用于航空和宇航特种材料的研究；高空生理和太空生理的研究；宇宙物质的研究分析等。

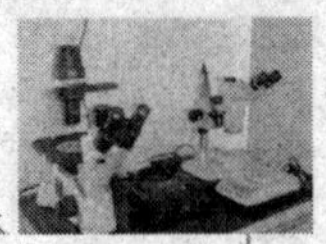

农林、畜牧

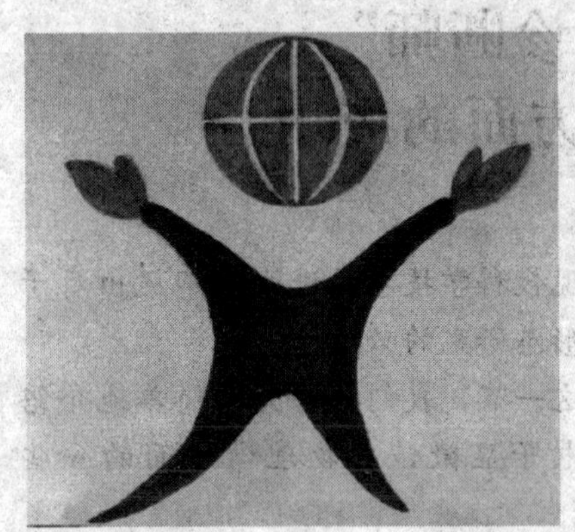

◆保护环境

显微镜可用于由于植物病毒引起的粮食、果树、烟草等作物的病害的防治研究；家畜、家禽、战马等发生癌病的动物病毒的研究；杂交优势以及诱发突变的研究等。

法 学

显微镜可用于刑事案件中对尸体、假币、锁钥、凶器及各种作案工具的判别与分析，为破案提供充分的证据。

环境保护

显微镜可用于大气或水中的固体粉尘、微粒的分析研究和粒度测定等。

显微镜的上述应用只能说是极不完整地罗列了一些比较常见的方面，其他诸如在对外贸易、军事等方面也是有其用武之地的。

1. 除了书本介绍的内容，你还能想到显微镜在哪些方面的应用？
2. 为了保护地球的环境，我们可以采取哪些有效的行动？

微观材料“诊断师”
——在物理学方面的应用

现代科学技术的进步无不提出对于微观形态研究的必要性。

这一节，我们将给大家简单地介绍一下电子显微镜在物理学方面的一些应用。

◆2005 世界物理年标志

分子和原子形态的研究

我们知道，任何物质都是由极微小的粒子组成的，我们把其中保持物质化学性质的最小微粒称为分子。分子由原子构成。空气是由各种分子构成的。

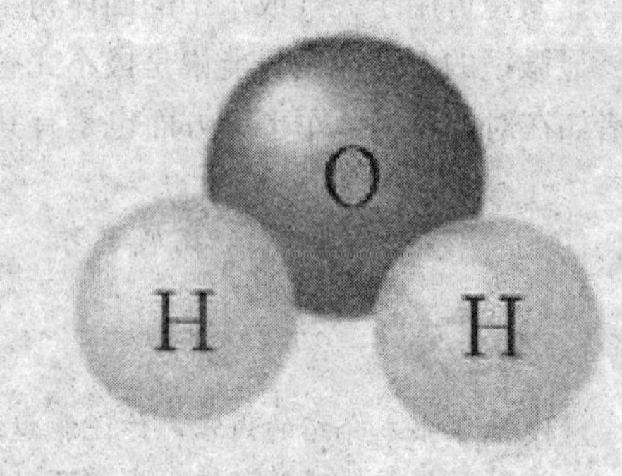

◆水分子结构示意图

在物理学中，我们主要是研究各种物质的分子结构。分子结构也称为分子立体结构、分子形状或者分子几何，是用

来描述分子中原子的三维排列方式的。分子结构对物质的物理与化学性质有决定性的关系。最简单的分子是氢分子，1 克氢包含 3×10^{23} 个以上的氢分子。水分子中 2 个氢原子都连接到一个中心氧原子上，所成键角是 104.5°。分子中原子的空间关系不是固定的，除了分子本身在气体和液体中的平动外，分子结构中的各部分也都处于连续的运动中。因此，分子结构不同，物质的金属性、极性、磁性和生物活性等也可能存在很大的差异。

你知道研究分子和原子的一些特性具体都有哪些方法？你对这些方法了解多少？

所以，我们可以借助显微镜对物质的分子和原子形态进行研究，可以获得在什么样的状态下，物质是最稳定的，以及如何获得该种性质，从而为实际材料学各个方面提出潜在的应用价值。

晶体薄膜位错和层错的研究

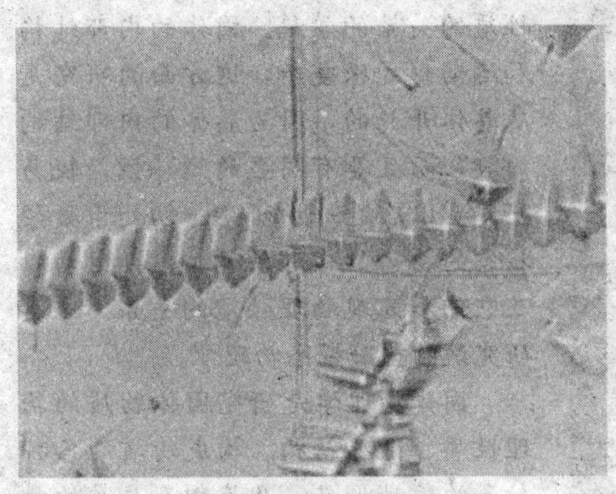

◆晶体中的位错

位错是固体物理中的一个专用名词，是指晶体滑移时，已滑移部分与未滑移部分在滑移面上的分界，它是一种“线缺陷”。位错的基本形式有 2 种：滑移方向与位错线垂直的称为“刃型位错”；滑移方向与位错线平行的称为“螺型位错”，还有既有刃型位错又有螺型位错的称为“混合型位错”。位错的存在已经为电子显微镜等观察所证实。实际上，晶体在生长、变形等过程中都会产生位错。它对晶体的塑性变形、相变、扩散、强度等都有很大影响。

层错是这样定义的：硅单晶沿［111］方向生长，原子排列次序一定是 AA’BB’CC’……，但是由于某种原因，原子排列不按正常次序生长 AA’BC’AA’BB’CC’……，这样原子层产生了错排。我们把这种错

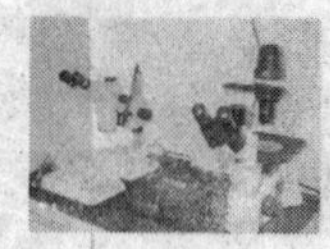

位叫做"层错"。固液交界面掉有固体颗粒或热应力较大，过冷度较大等都可能造成层错的产生，当衬底表面有机械损伤、杂质、局部氧化物、高位错密度等都有可能引起层错的产生。层错常常发生在外延生长硅单晶体上，当硅单晶片经过 900～1200℃热氧化过程后，经常可发现表面出现层错。

科学家们通过把晶体放在电子显微镜下面进行观察，可以很清晰地看出不同晶体有着不同的位错及层错，从而为选择合适的材料提供了有力的证据。

链接：固体物理学

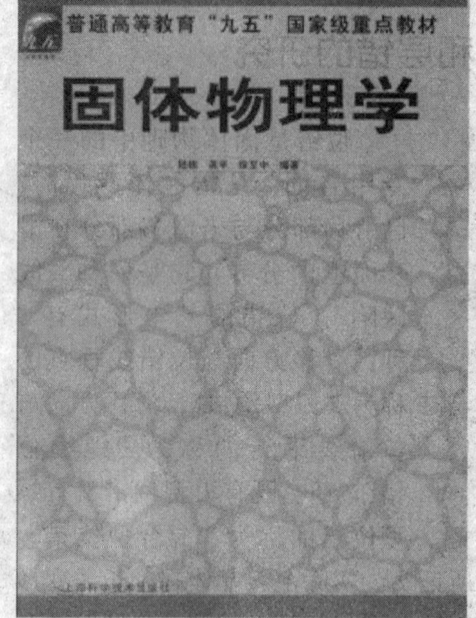

固体物理学是研究固体的性质、微观结构及其各种内部运动，以及这种微观结构和内部运动同固体的宏观性质的关系的学科。固体的内部结构和运动形式很复杂，这方面的研究是从晶体开始的，因为晶体的内部结构简单，而且具有明显的规律性，较易研究。以后进一步研究一切处于凝聚状态的物体的内部结构、内部运动以及它们和宏观物理性质的关系。这类研究统称为凝聚态物理学。

固体物理学是研究固体物质的物理性质、微观结构、构成物质的各种粒子的运动形态，及其相互关系的科学。它是物理学中内容极丰富、应用极广泛的分支学科。

晶体缺陷的研究

晶体是原子、离子或分子按照一定的周期性，在结晶过程中，在空间

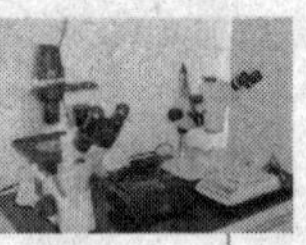

排列形成具有一定规则的几何外形的固体。晶体具有以下共性：长程有序：晶体内部原子至少在微米级范围内规则排列。均匀性：晶体内部各个部分的宏观性质是相同的。各向异性：晶体中不同的方向上具有不同的物理性质。对称性：晶体的理想外形和晶体内部结构都具有特定的对称性。

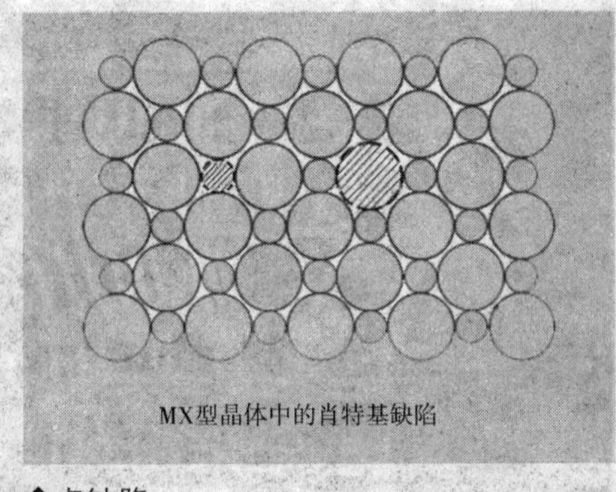

◆点缺陷

讲解——点缺陷

点缺陷是发生在一个或若干个格点范围内所形成的晶格缺陷。最常见的点缺陷主要有以下几种：

热缺陷（晶格位置缺陷）：在晶体晶格中应有质点占据的位置因缺失质点而造成空位，或者不该有质点的位置出现了质点（间隙质点，也称填隙）。

杂质缺陷：杂质成分的质点代替了晶体中本身固有成分的质点，并占据了被替代的质点的晶格位置。由于替位与被替位的质点之间的半径、电价等方面存在差异，因而可造成形式不同、程度不同的晶格畸变。

电荷缺陷：由于某种原因，晶体中某些质点的某些电子受到激发而离开原来质点形成自由电子，产生了电子空穴。

由于物质是不断运动的，因此，缺陷也是不可避免的。只要晶体温度高于绝对零度，晶体中的原子就会不断运动，并与周围原子之间的相互作用达到平衡。随着温度升高，原子运动动能也相应增加，从而有一定概率离开平衡位置，在原来的位置上留下一个空位而形成缺陷，这就是由于热运动而产生的点缺陷——热缺陷。热缺陷有2种基本形式：弗仑克尔缺陷和肖特基缺陷。

点缺陷的存在，是半导体发挥作用的机制之一，研究缺陷可以帮助我们进行材料制备以及应用拓展。

实际上理想的晶体结构在真实的晶体中是不存在的，事实上，无论是自然界中存在的天然晶体，还是在实验室（或工厂中）培养的人工晶体或

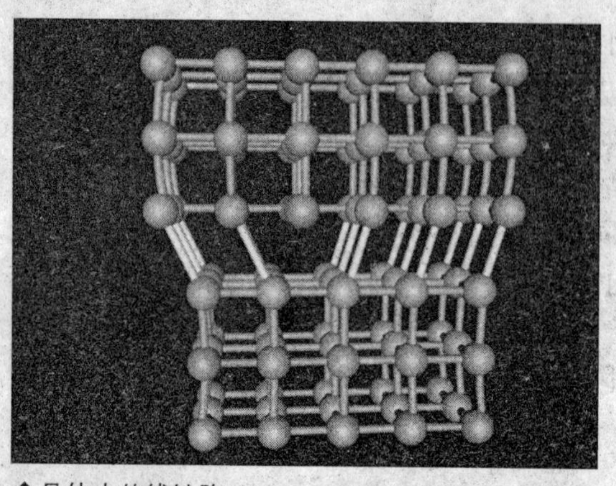
◆晶体中的线缺陷

是陶瓷和其他硅酸盐制品中的晶相，都总是或多或少存在某些缺陷，因为：首先晶体在生长过程中，总是不可避免地受到外界环境中各种复杂因素不同程度影响，不可能按理想发育，即质点排列不严格服从空间格子规律，可能存在空位、间隙离子、位错、镶嵌结构等缺陷，外形可能不规则。另外，晶体形成后，还会受到外界各种因素如温度、溶解、挤压、扭曲等的影响。

通常将缺陷分为点缺陷、线缺陷、面缺陷和体缺陷。科学家在考察材料的机械性能时，线缺陷、面缺陷和体缺陷是非常重要的。所以，他们可以通过电子显微镜观察材料的缺陷类型和缺陷数量等。电子显微镜是科学家研究材料性能的不可缺少的仪器。

1. 你能分别举出哪些物质具有金属性，哪些物质具有非金属性？
2. 我们平时食用的食盐属于晶体还是非晶体？
3. 晶体为什么会产生缺陷？

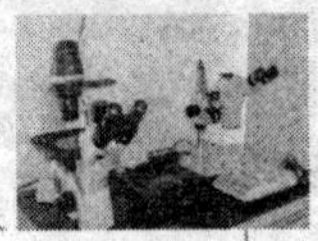

完美的结合
——显微镜下上演细胞融合

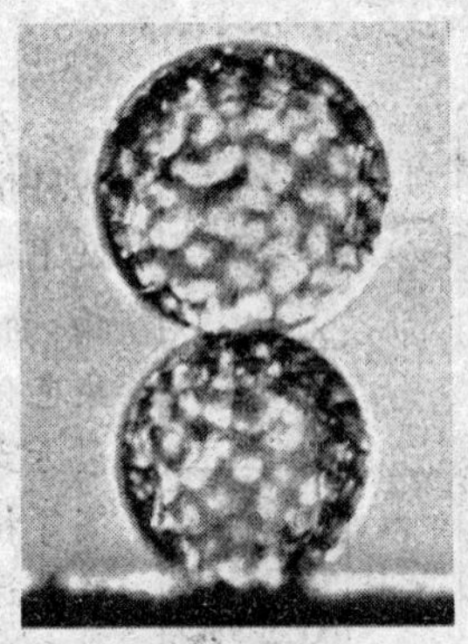

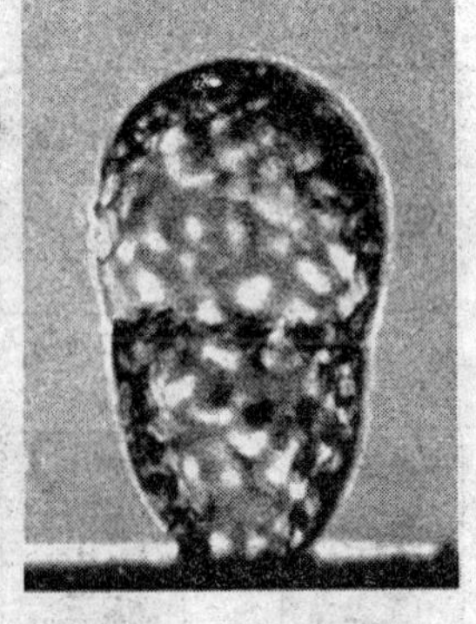

◆细胞融合

显微镜在工农业生产、生物、医学、教学及科研领域中有着广泛的用途。到目前为止，显微镜已经发展为一个庞大的“家族”。在生物物理方面，很多生物现象如蛋白质的折叠及去折叠、与DNA高分子有关的弹性问题、细胞融合等都包含丰富的物理过程，而且这些过程对蛋白质、DNA、生物膜的功能都有调控作用。所以越来越多的物理学家将目光投向了生物物理，试图从物理与生物的交叉中揭示和理解更多的生命现象，这极大地促进了生物物理学科的发展。

下面，让我们带着好奇的目光，看看在显微镜的帮助下，两个细胞是如何融合成为一体的呢？

细胞融合简介

细胞融合是在自发或人工诱导下，两个不同基因型的细胞或原生质体融合形成一个杂种细胞。基本过程包括细胞融合形成单个细胞、单细胞通过细胞有丝分裂进行核融合，最终形成单核的杂种细胞。有性繁殖时发生的精卵结合是正常的细胞融合，即由两个配子融合形成一个新的二倍体。人工诱导细胞融合是在自然条件下或用人工方法（生物的、物理的、化学的）使两个或两个以上的细胞合并形成一个细胞的过程。人工诱导的细胞

融合，在 20 世纪 60 年代作为一门新兴技术而发展起来。由于它不仅能产生同种细胞融合，也能产生种间细胞的融合，因此细胞融合技术目前被广泛应用于细胞生物学和医学研究的各个领域。基因型相同的细胞融合成的杂交细胞称为同核体；来自不同基因型的杂交细胞则称为异核体。

小贴士——有丝分裂

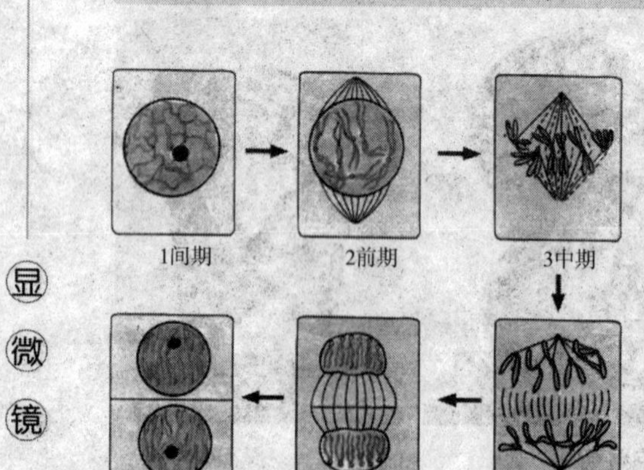

有丝分裂，又称为间接分裂，由 W. Fleming 于 1882 年首次发现于动物及 E. Strasburger 于 1880 年发现于植物。特点是有纺锤体染色体出现，子染色体被平均分配到子细胞，这种分裂方式普遍见于高等动植物（动物和高等植物），是真核细胞分裂产生体细胞的过程。左图是植物细胞有丝分裂过程图。

小知识——单倍体、二倍体和多倍体

单倍体是指体细胞染色体数为本物种配子染色体数的生物个体。凡是体细胞中含有 2 个染色体组的生物个体，均称为二倍体。可用 2n 表示。人和几乎全部的高等动物，还有 50%以上的高等植物都是二倍体。多倍体是指体细胞中含有 3 个以上染色体组的个体。多倍体在生物界广泛存在，常见于高等植物中，由于染色体组来源不同，可分为同源多倍体和异源多倍体。

细胞融合“见证”

细胞膜有内外两层，细胞融合首先发生在外层，然后再到内层，由此

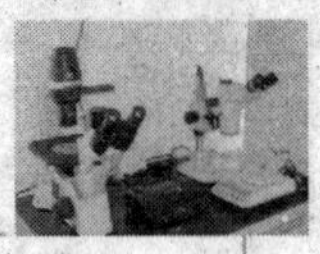

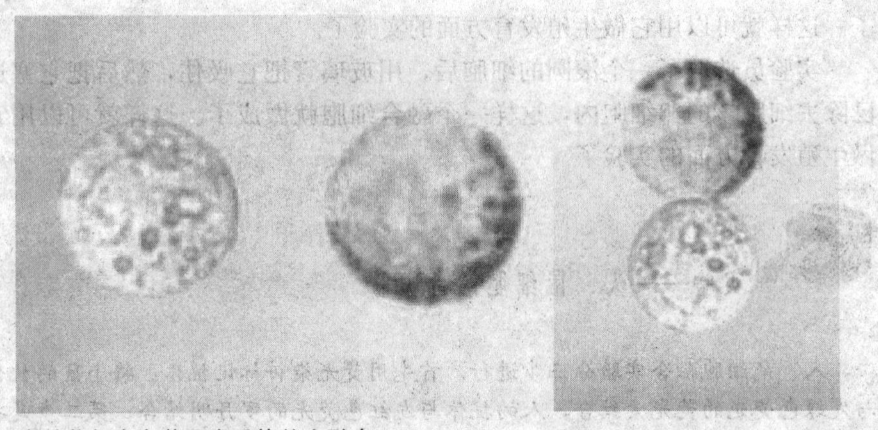

◆甘蓝与大白菜原生质体的电融合

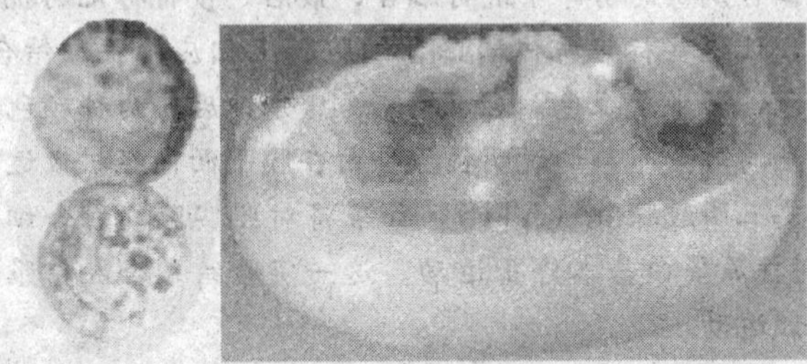

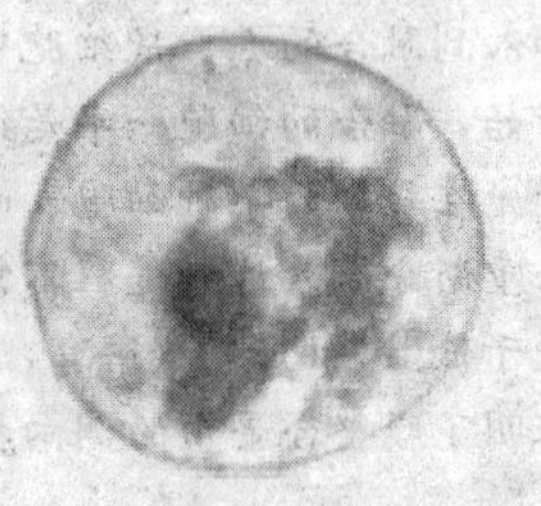

◆甘蓝与大白菜原生质体的电融合

就出现了两种融合通道，细胞体内物质通过这两种通道转移。下面，细胞融合过程和大家一起分享一下。

首先，实验人员将一种动物的一个卵细胞放在玻璃皿里，同时手持一根细玻璃管，将玻璃管慢慢地向前移动，当该玻璃管靠近卵细胞时，实验人员用手在操作臂按钮上动了一下，只见细管的尖端把细胞压成扁平状，并渐渐刺进细胞，把其中的细胞核吸进管内，又迅速拔出。通常做这种实验需要先把卵细胞的细胞核取出，然后再把动物体别的细胞放进卵细胞中。

接着，一小群体积极小的细胞被玻璃管“赶”到一个比较容易操作的地方。实验人员在显微镜下把粘在一起的细胞一个一个拨开，并让其轻微地移动。这样做可以挑选出一些比较饱满的体细胞，这样的细胞通常都具有旺盛的生命力。实验人员选取了一个滚圆的细胞后，用玻璃管把它吸住，然后把它塞进已除去细胞核的卵细胞内，这样一个融合细胞就做成了。这样就可以用它做生殖发育方面的实验了。

实验员选取了一个滚圆的细胞后，用玻璃管把它吸住，然后把它塞进已除去细胞核的卵细胞内，这样一个融合细胞就做成了。这样就可以用它做生殖发育方面的实验了。

实验——人、鼠细胞融合实验

人、鼠细胞融合实验分三步进行。首先用荧光染料标记抗体：将小鼠的抗体与发绿色荧光的荧光素结合，人的抗体与发红色荧光的罗丹明结合；第二步是将小鼠细胞和人细胞在灭活的仙台病毒的诱导下进行融合；最后一步将标记的抗体加入到融合的人、鼠细胞中，让这些标记抗体同融合细胞膜上相应的抗原结合。开始，融合的细胞一半是红色，一半是绿色。在37℃下40分钟后，两种颜色的荧光在融合的杂种细胞表面呈均匀分布，这说明抗原蛋白在膜平面内经扩散运动而重新分布。这种过程不需要三磷酸腺苷（ATP）。如果将对照实验的融合细胞置于低温（1℃）下培育，则抗原蛋白基本停止运动。这一实验结果令人信服地证明了膜整合蛋白的侧向扩散运动。

链接：宿主细胞VS病毒

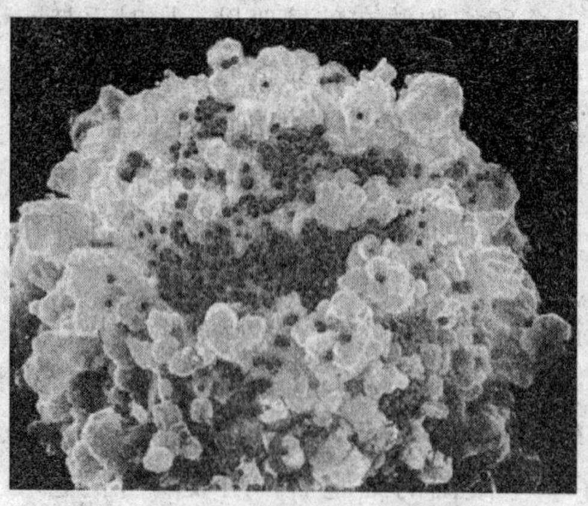

◆深灰色为病毒，浅灰色为宿主细胞

通常来说，病毒侵入的细胞就叫宿主细胞。病毒一般没有成型的细胞核，一般被蛋白质所包裹在里面的是它的遗传物质，在病毒获得宿主后，利用宿主的蛋白质和其他物质制造自己的身体，然后将遗传物质注入到细胞内部感染细胞，有的使细胞死亡，有的会使细胞变异，也就是所谓的癌变。

受体细胞也叫宿主细胞。受体细胞有原核受体细胞（最主要是大肠埃希菌）、真核受体细胞（最主要

是酵母菌)、动物细胞和昆虫细胞(其实也是真核受体细胞)。原核受体细胞中,最常用的宿主细胞是大肠埃希菌。

细胞融合应用

细胞融合不仅可用于基础研究,而且还有以下重要的应用价值。

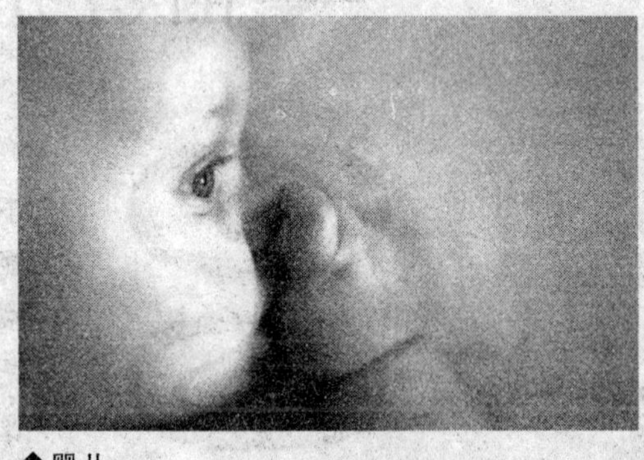

◆婴儿

20 世纪 70 年代初,诞生了细胞拆合工程。卡特于 1967 年发现细胞松弛素 B(CB)能诱发体外培养的小鼠 L 细胞的排核作用。普莱斯考特等 1972 年首先应用离心术结合 CB 分离哺乳类细胞的胞质体获得成功。①为研究哺乳类细胞的核、质相互关系及细胞质基因的转移开创了新的途径。

②异核体和细胞杂合子被用来确定基因调节因子,这些调节因子决定一个细胞表型消失或得以保持以及赋予受体新性状;通过对供体和受体细胞所有细胞特异性基因表达研究,细胞融合有助于人们了解发育,特别是在研究基因编码的可逆性方面。

③在个体发育过程中,血红蛋白存在着从胚胎型向胎儿型(幼虫)最终向成人型的转换,对这些转换进行研究,除了揭示基因顺序表达的调控机理外,在医学方面也有意义,人们可以部分或全部扭转从胚胎型向胎儿型的转变从而治疗镰刀型贫血病。

拓展思考

1. 诱导细胞融合具体是怎样操作的呢?
2. 显微镜在细胞融合方面都发挥了哪些不可或缺的作用?

小小“医生”，大大作用
——在医学方面的应用

一个细菌细胞含有单一的DNA环

DNA被复制

形成新的细胞

一个细菌分裂成两个细菌

◆细菌分裂示意图

显微镜在科技领域的应用是举不胜举的，由于现代科学的发展，显微镜在各个学科方面都有重要的应用。在生物学上，最早的应用则是取得硅藻、花粉等微观结构的图像。在动植物方面，显微镜给人们揭示了许多意想不到的组织结构。不论在昆虫学、动物学、植物学、医学、遗传学、生理学及农工业学上，显微镜都发挥了巨大的作用。下面，我们简单介绍下显微镜在医学方面的应用。

扫描电镜在医学方面的应用简介

近年来，对生物、微生物和人体某些组织细胞的形态结构的观察，对细菌、病毒的微细形态结构的观察，以及在抗菌药物对细胞细菌的影响等的观察中，扫描电子显微镜解决了一些细胞组织、免疫学方面无法解决的问题，揭露了大量过去从未见到的正常和病理状态下组织细胞和细菌的超微结构变异。在荧光

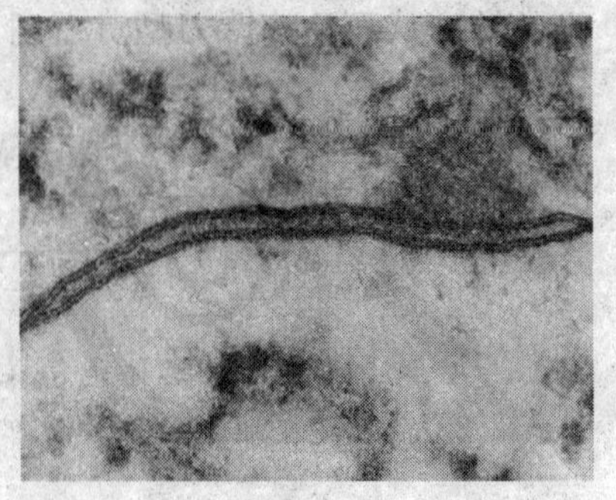
◆电镜下的细胞壁

屏上可看到一个细菌或者病毒是如何分裂的情况，细胞“捕食”细菌的有趣情形，观察细胞壁及绒毛等的生长情况。这些不仅引人入胜，而且对于揭示细胞的性质有很大的价值。

链接：免疫学

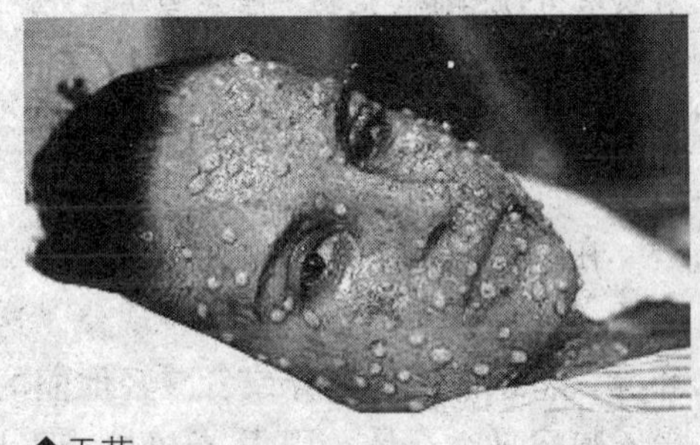

◆天花

免疫学是研究机体免疫系统组成、结构和功能的一门独立的前沿学科。它与神经生物学、分子生物学并列为生命科学的三大支柱学科。

早在1000多年前，人们就发现了免疫现象，并由此发展起对传染病的免疫预防。中国人首先发明了用人痘痂皮接种以预防天花，并且在15世纪中后期的明朝隆庆年间有较大改进，并得到广泛的应用。后来，这一伟大发明传播到日本、朝鲜、俄国、土耳其和英国等许多国家。后英国医生琴纳据此研究出用牛痘菌预防天花的方法，为免疫学对传染病的预防开辟了广阔的前景。全世界能在20世纪70年代末消灭天花，接种牛痘菌发挥了巨大作用。

生物膜对人体的作用

生物膜是有生命重要性的结构，缺少它，细胞就不可能正常存在。它构成厚约500埃的外膜，使细胞有一完整的外形，起到一种渗透营养的特殊“门”的作用，研究膜表面的许多微细突起和各种特征纹饰，对于深入了解细胞结构是十分有用的。在电子显微镜下，细胞膜呈现出极其复杂的结构，其构造的精巧和功能的奇异，至今仍然超出科学家的想象，世界上最好的超微雕刻家也望之兴叹，它们相互间严格的秩序和和谐的程度简直让人入迷。而这样的微细结构，只有在利用各种显微镜的情况下，才能够清晰地展现在你的眼前。

讲解——生物膜

生物膜镶嵌有蛋白质和糖类（统称糖蛋白）的磷脂双分子层，起着划分和分隔细胞和细胞器的作用，生物膜也是与许多能量转化和细胞内通讯有关的重要部位，同时，生物膜上还有大量的酶结合位点，是细胞、细胞器和其环境接界的所有膜结构的总称。生物中除某些病毒外，都具有生物膜。

我要抓住你——矿山粉尘

在某些矿山工作了很久之后，一些人的脸色会变得很苍白，身体越来越瘦，甚至有些人会出现吐血现象。这个时候，即使给他们换清洁的居住环境、增加他们的营养或者减轻他们的工作也是无济于事的。难道是他们得了肺病吗？不是，用 X 光机检查不出病因。那么，到底是怎么回事呢？实际上，它是由少量细小金属氧化物或者矿物粉尘所引起的，这类粉尘又细又轻，呼吸时，连鼻毛、气管壁纤毛和黏液也难以阻挡。但是在扫描电子显微镜的观察下，它们犹如万花筒里的美丽图案堆砌在一起，刺伤肺泡，钻入微血管内，影响人体的正常生理功能。因此，扫描电子显微镜的观察，对于各种医疗诊断和研究都可以提供大量有价值的资料。

你知道吗？

矿山粉尘是矿山在采掘生产过程中，由于放炮、机械凿动、切割、摩擦、振动而产生的岩尘、矿尘等固体物质的细微颗粒的总称。粉尘漂游于空气或沉落在巷道中，是构成矿尘爆炸隐患、成为作业人员职业病和生产环境恶化之源。根据国家安全卫生和矿产资源法规定，矿山应采取综合防尘措施。

各种新奇材料腾空而出
——在纳米材料中的应用

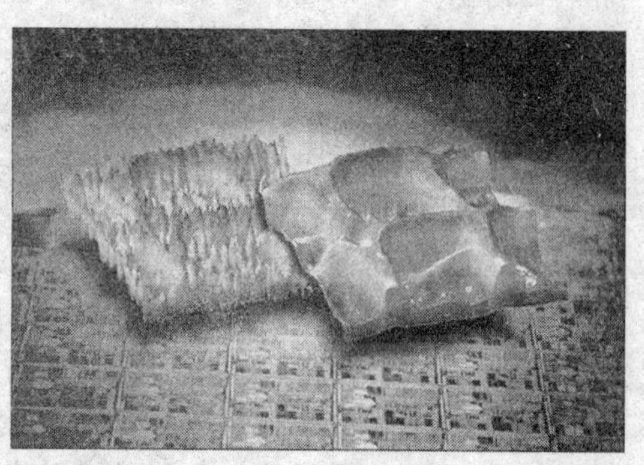
◆纳米材料

我们知道，自从发明电子显微镜至今，它已经成为了各个学科研究的必不可少的仪器。自20世纪80年代人们开始研究纳米材料以来，由于其颗粒尺寸的细微(10～100纳米)，使其具有许多其他材料所不具备的优异性能，如特有的表面效应、体积效应、量子尺寸效应和宏观量子隧道效应等，所以现在纳米材料已经成为材料学研究中的热点。纳米材料独特的物理化学性质主要源于它的超微尺寸及超微结构。我们用电子显微镜可以对很多理论进行研究。在物理学方面，我们可以利用它进行分子和原子形态的研究；还可以就晶体薄膜位错及层错进行研究；还能进行表面物理现象的研究等。在生物医学领域，纳米胶体金技术、纳米硒保健胶囊、纳米级水平的细胞器结构，以及纳米机器人可以小如细菌，在血管中监测血液浓度，清除血管中的血栓等的研究工作，可以说都与电子显微镜这个工具分不开。

下面简单地介绍利用电子显微镜在纳米材料方面的一些研究成果。

"原子尺度"时代

由于电子显微镜的分析精度逼近原子尺度，所以利用场发射枪透射电镜，用直径为0.13纳米的电子束，可以在原子尺度上同时获得材料的原子和电子结构信息。观察样品中的单个原子像，始终是科学界长期追求的

当材料的尺度减小到纳米尺度时，其材料的光、电等物理性质和力学性质有哪些独特性？

目标。

所以，要分辨出每个原子的位置，需要 0.1 纳米左右的分辨率的电镜，并把它放大约1000万倍才行。人们预测，当材料的尺度减少到纳米尺度时，其材料的光、电等物理性质和力学性质可能具有独特性。因此，纳米颗粒、纳米管、纳米丝等纳米材料的制备，以及其结构与性能之间关系的研究成为人们十分关注的研究热点。

知识库——纳米材料

纳米材料统指合成材料的基本单元大小限制在 1～100 纳米范围的材料，大约相当于1～100 个原子紧密排列在一起的尺度。

从尺寸大小来说，通常产生物理化学性质显著变化的细小微粒的尺寸在 0.1 微米以下。因此，颗粒尺寸在 1～100 纳米的微粒称为超微粒材料，也是一种纳米材料。

◆纳米材料制成的衣服

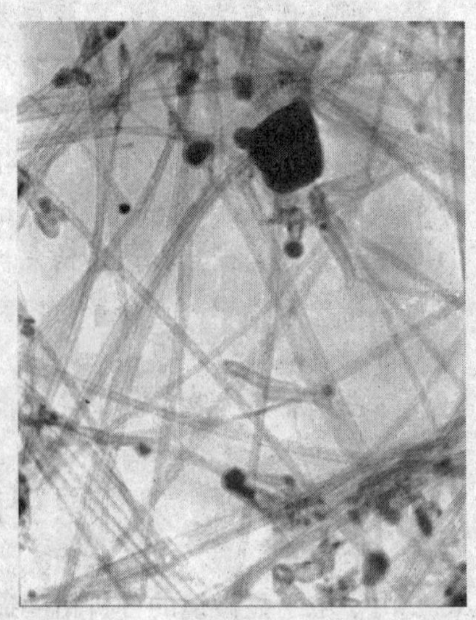

◆直径为 6 纳米多壁纳米碳管 TEM 照片

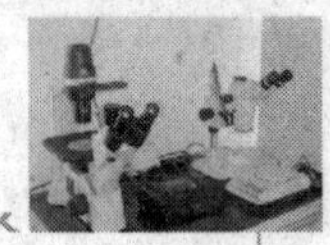

纳米材料的分类

纳米材料大致可分为纳米粉末、纳米纤维、纳米膜、纳米块体等4类。其中纳米粉末开发时间最长、技术最为成熟，是生产其他三类产品的基础。

纳米粉末又称为超微粉或超细粉，一般指粒度在100纳米以下的粉末或颗粒，是一种介于原子、分子与宏观物体之间处于中间物态的固体颗粒材料。可用于高密度磁记录材料、吸波隐身材料、磁流体材料、防辐射材料、单晶硅和精密光学器件抛光材料、微芯片导热基片与布线材料、微电子封装材料、光电子材料、先进的电池电极材料、太阳能电池材料、高效催化剂、高效助燃剂、敏感元件、高韧性陶瓷材料、摔不裂的陶瓷，用于陶瓷发动机等)、人体修复材料、抗癌制剂等。

纳米纤维指直径为纳米尺度而长度较大的线状材料。可用于微导线、微光纤（未来量子计算机与光子计算机的重要元件）材料；新型激光或发光二极管材料等。

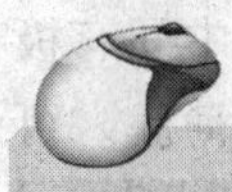

点击——量子计算机

量子计算机是一类遵循量子力学规律进行高速数学和逻辑运算、存储及处理量子信息的物理装置。当某个装置处理和计算的是量子信息，运行的是量子算法时，它就是量子计算机。量子计算机的概念源于对可逆计算机的研究。研究可逆计算机的目的是为了解决计算机中的能耗问题。

◆量子计算机

量子计算机，早先由理查德·费曼提出，一开始是从物理现象的模拟而来的。可发现当模拟量子现象时，因为庞大的希尔伯特空间而资料量也变得庞大。一个完好的模拟所需的运算时间相当

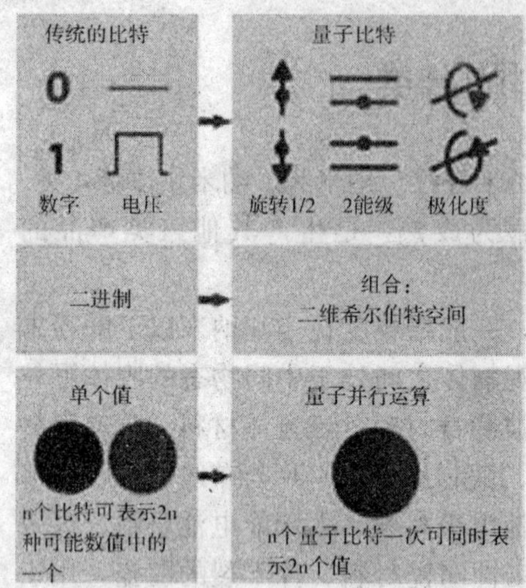

◆传统比特与量子比特的比较

多，甚至是不切实际的天文数字。理作得·费曼当时就想到如果用量子系统所构成的计算机来模拟量子现象则运算时间可大幅度减少，从而量子计算机的概念诞生。

迄今为止，世界上还没有真正意义上的量子计算机。但是，世界各地的许多实验室正在以巨大的热情追寻着这个梦想。如何实现量子计算，方案并不少，问题是在实验上实现对微观量子态的操纵确实太困难了。目前已经提出的方案主要利用了原子和光腔相互作用、冷阱束缚离子、电子或核自旋共振、量子点操纵、超导量子干涉等。

纳米材料的用途

纳米膜分为颗粒膜与致密膜。颗粒膜是纳米颗粒粘在一起，中间有极为细小的间隙的薄膜。致密膜指膜层致密但晶粒尺寸为纳米级的薄膜。可用于：气体催化（如汽车尾气处理）材料、过滤器材料、高密度磁记录材料、光敏材料、平面显示器材料、超导材料等。

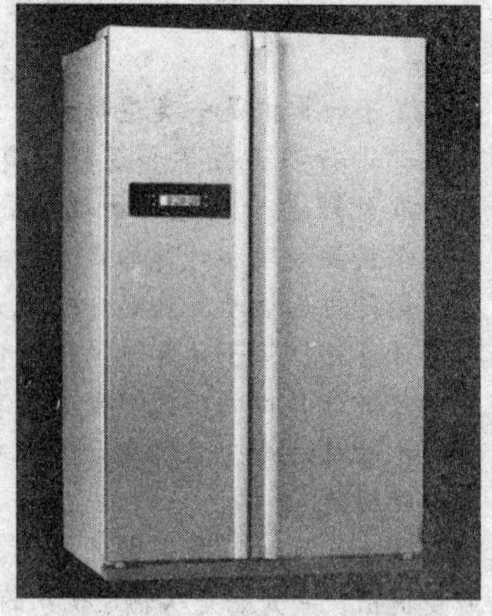

◆具有祛味功能的纳米冰箱

纳米块体是将纳米粉末高压成型或控制金属液体结晶而得到的纳米晶粒材料。主要用途为：超高强度材料、智能金属材料等。

医药使用纳米技术能使药品生产过程越来越精细，并在纳米材料的尺度上直接利用原子、分子的排布制造具有特定功能的药品。纳米材料粒子将使药物在人体内的传输更为方便，用数层纳米粒子包裹的智能药物进入人体后可主动搜索并攻击癌

细胞或修补损伤组织。使用纳米技术的新型诊断仪器只需检测少量血液，就能通过其中的蛋白质和DNA诊断出各种疾病。

如何分析蛋白质和DNA以诊断各种疾病？

纳米材料制成的多功能塑料，具有抗菌、除味、防腐、抗老化、抗紫外线等作用，可用作电冰箱、空调外壳里的抗菌除味塑料。

在电子计算机和电子工业，存储容量为目前芯片上千倍的纳米材料级存储器芯片已投入生产。计算机在普遍采用纳米材料后，可以缩小成为“掌上电脑”。

你知道吗？

“纳米机器人”的研制属于分子仿生学的范畴，它根据分子水平的生物学原理为设计原型，设计制造可对纳米空间进行操作的“功能分子器件”。纳米生物学的近期设想，是在纳米尺度上应用生物学原理，发现新现象，研制可编程的分子机器人，也称纳米机器人。合成生物学对细胞信号传导与基因调控网络重新设计，开发“在体”或“湿”的生物计算机或细胞机器人，从而产生了另种方式的纳米机器人技术。

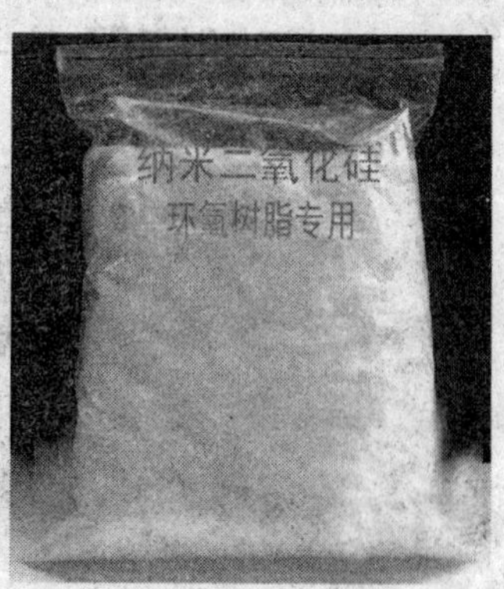

◆纳米二氧化硅

环境科学领域将出现功能独特的纳米膜。这种膜能够探测到由化学和生物制剂造成的污染，并能够对这些制剂进行过滤，从而消除污染。

在合成纤维树脂中添加纳米二氧化硅、纳米氧化锌、纳米二氧化硅复配粉体材料，经抽丝、织布，可制成杀菌、防霉、除臭和抗紫外线辐射的内衣和服装，可用于制造抗菌内衣、用品，可制得满足国防工业要求的抗紫外线辐射的功能纤维。

采用纳米材料技术对机械关键零部件进行金属表面纳米粉涂层处理，可以提高机械设备的耐磨性、硬度和使用寿命。

小小“电子医生”——激光扫描共聚焦显微镜在医学方面的应用

激光扫描共聚焦显微镜（CLSM）具有高分辨率、高灵敏度、三维重建、动态分析等优点，使图像更为精确清晰和数字化。该仪器现已广泛应用于细胞生物学、生理学、病理学、遗传学和药理学等研究领域中。那么，这个小小“电子医生”是如何发挥它在医学上的作用的呢？别急，下面，我们就向你一一道来。

在细胞及分子生物学基础研究中的应用

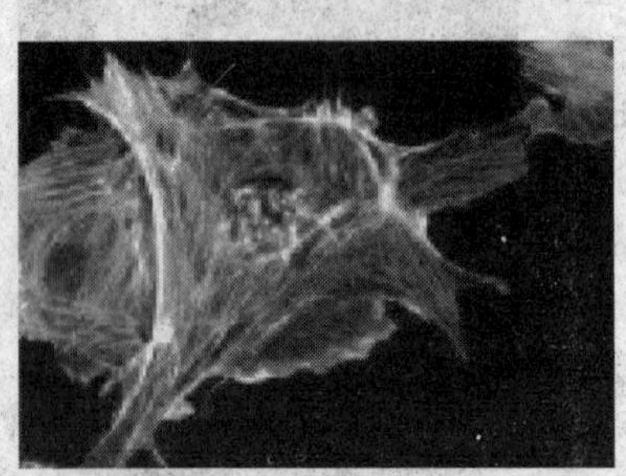

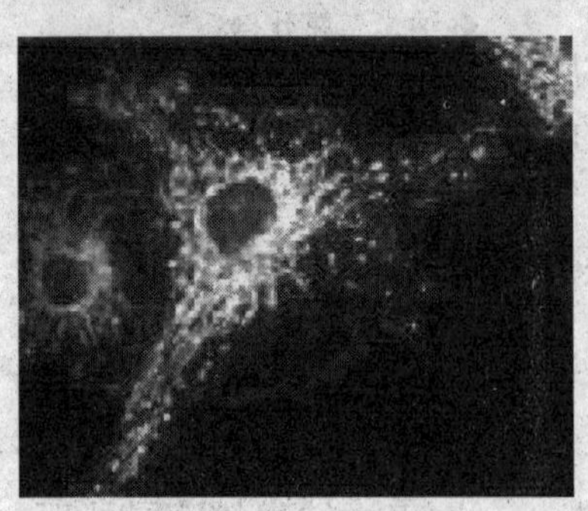

◆CLSM 下的细胞

激光扫描共聚焦显微镜应用照明针与检测孔共扼成像，有效抑制了焦外模糊成像并可对标本各层分别成像，对活细胞进行无损伤的“光学切片”，这种功能也被形象的称为“显微 CT”。CLSM 还可以对贴壁的单个细胞或细胞群的胞内、胞外荧光作定位、定性、定量及实时分析，并对胞内成分如线粒体、内质网、高尔基体、DNA、RNA、Ca2＋、Mg2＋、Na＋等的分布、含量等进行测定及动态观察，对细胞结构和功能方面的研究达到了分子水平。免疫细胞的形态学研究已经比较成熟，CLSM 除了获得其二维图像外，还可模拟荧光处理，将光学切片的数据合成三维图像，从任意角度观察；而对于细胞内

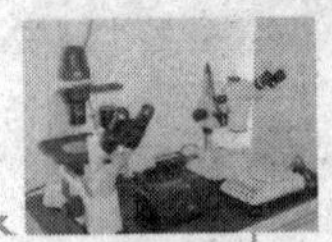

分子的动态过程，它可以用三维加时间的四维方式进行观察，来获取最逼真的形态学资料。

在肿瘤和抗癌药物筛选研究中的应用

普通显微镜及电子显微镜，仅能对肿瘤相关抗原进行定性分析，而CLSM则可对单标记或多标记细胞、组织标本及活细胞进行重复性极佳的荧光定量分析，从而对肿瘤细胞的抗原表达、细胞结构特征、抗肿瘤药物的作用及机制等方面进行定量化研究。

广角镜——荧光分析方法

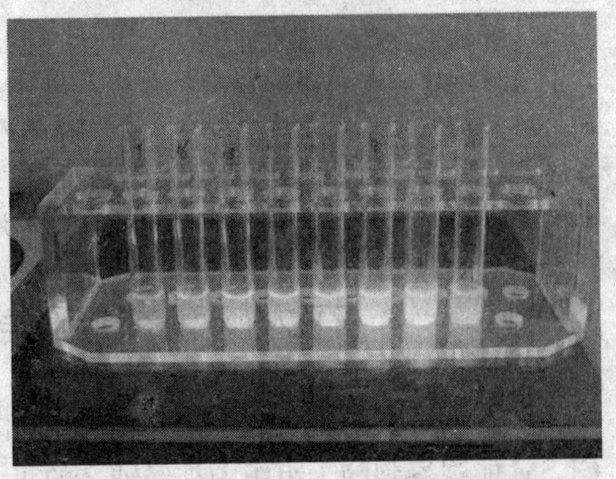

◆各种颜色的荧光蛋白

荧光分析是指利用某些物质在紫外光照射下产生荧光的特性及其强度进行物质的定性和定量的分析的方法。1852年G.G.斯托克斯（G.G.Strokes）发现荧光，真正的荧光光谱测量则始于20世纪60年代。荧光定量分析常采用直接比较法，将试样与已知物质同时放在紫外光源下，根据它们所发荧光的性质、颜色和强度，鉴定它们是否含有同一荧光物质。某些物质在加入某种试剂后，其产物会产生荧光，也可采用同样方法鉴定。最常用的方法是用荧光分光光度计绘制试样的荧光激发光谱和荧光发射光谱，并与已知物质的这两种光谱进行比较，从而鉴定所含成分。荧光定量分析是先将已知的荧光物质配成不同浓度的标准溶液，用荧光分光光度计测量其在某一波长处的荧光强度并绘制标准曲线，而后在完全相同的条件下测量试样的荧光强度，由标准曲线查出待测物质的含量。20世纪70年代以来，荧光分析在仪器、方法和试剂等方面发展非常迅速，在环境监测中有着广泛的应用：借助于有机试剂进行荧光分析的无机元素已达60余种，分析灵敏度可达微克/升级，与原子吸收谱法相近，但光谱干扰少；

荧光检测器与液相色谱仪联用，可对有机污染物进行定量分析，如水和废水统一监测方法中多环芳烃的测定。

在医学免疫研究中的应用

CLSM 观察免疫细胞和系统，如树突状细胞、单核一吞噬细胞系统、自然杀伤细胞、淋巴细胞时，在准确细胞定位的同时又能够有效地鉴定免疫细胞的性质。动态研究历来是在实验研究免疫分子信号转导、作用机制时面临的重要问题，而这必须依赖于活细胞基础。CLSM 在直观检测活细胞中分子的移动、表达的动态变化方面有着无可比拟的优势。

小知识——免疫细胞

免疫细胞主要是指能识别抗原，产生特异性免疫应答的淋巴细胞等各种细胞。淋巴细胞是免疫系统的基本成分，在体内分布很广泛，主要是 T 淋巴细胞、B 淋巴细胞受抗原刺激而被活化，分裂增殖，发生特异性免疫应答。除 T 淋巴细胞和 B 淋巴细胞外，还有 K 淋巴细胞和 NK 淋巴细胞等类型。

在大脑和神经科学中的应用

CLSM 分层扫描时能发现神经轴突的内部结构连续性是否正常。用 CLSM 能观察到脑干组织中神经轴突的正常走向，可排除在荧光显微镜下造成的一些病理假象。并且 CLSM 能观察神经轴突的三维结构，因此应用 CLSM 有可能观察到普通光镜下未能发现的神经组织的细微病变。

在眼科研究中的应用

利用 CLSM 可以观察晶状体、角膜、视网膜、虹膜和睫状体的结构和病理变化。细胞间的通讯对于眼晶状体这种特殊结构的组织特别重要，因为它涉及晶体内各种物质代谢和转运的方式。CLSM 可显现晶体上皮细胞

与其下的晶体纤维之间的缝隙连接及通信。另外，应用CLSM观察到视网膜中间胶质细胞系中的电压门控钙离子通道的分布，增加胞外的钾离子浓度，激活电压门控通道，可以见到胞内钙离子的上升。这说明，CLSM检测细胞的代谢、pH值、钙等生理指标的功能在眼科研究中得到了很好的应用。

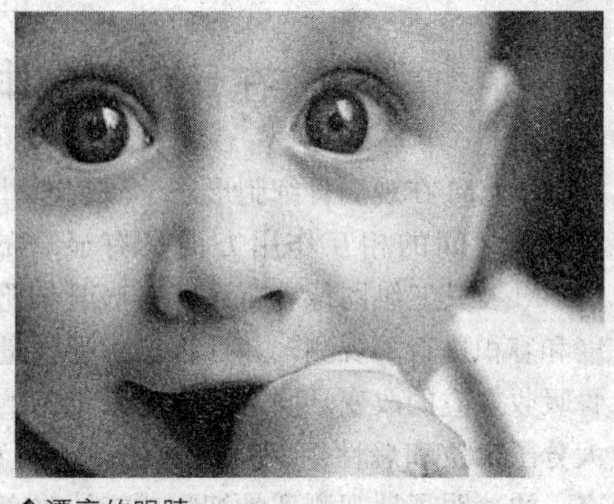

◆漂亮的眼睛

在口腔医学中的应用

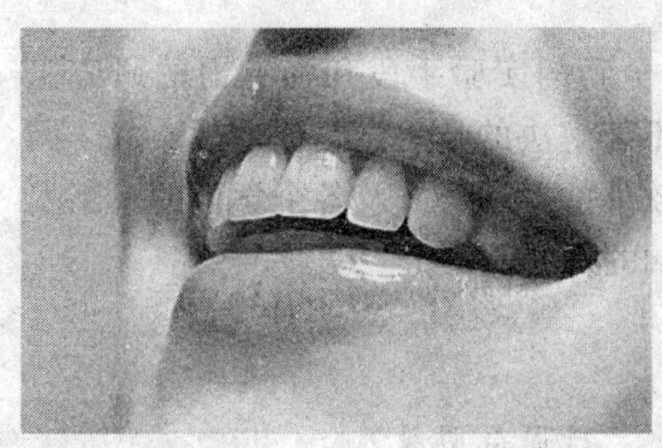

◆洁白的牙齿

在牙齿脱矿和矿化研究中，透射显微放射摄影术（TMR）被认为是能直接和定量测量矿物质含量和分布的最有效的方法。然而，该法需要制备牙磨片，且测量时有X射线辐射。20世纪80年代末，CLSM首次应用于牙齿研究中。该技术相对于先前的研究手段，具有快捷、简单和无污染等特点。如样品不需要特殊处理，能保持组织的原本状态，不因脱水而失真及数字影像分析可以得到扫描区域的表面特征、任意角度的三维结构矿物含量等。同时，在口腔医学中的龋病研究中，CLSM也具有良好的应用价值。在牙髓和牙周组织学研究中，CLSM可直观真实地反映组织的结构和形态。总之，CLSM可以解决以往研究中受到限制的技术难题，在口腔软硬组织定性和定量研究方面具有非常重要的应用价值。

友情提醒

为了你的牙齿不要变成实验品，要记得早晚刷牙哦！

在骨科研究中的应用

CLSM 在观测骨细胞形态学研究、骨细胞特异性蛋白（骨钙素）以及骨细胞之间的相互作用方面具有显著的优势。近年来也有许多人采用 CLSM 及其三维图像分析系统对破骨细胞造成的骨吸收，数量、面积、深度和容积进行了观测，并计算出骨吸收量以分析不同因素影响下破骨细胞骨吸收效应的改变。同时，在骨系细胞的生理、病理学研究中，包括生物大分子定位和恶性组织病变，CLSM 可利用荧光标记分子和荧光原位杂交，快速明了地观测到骨细胞功能的改变。另外，运用 CLSM 可观察正常有髓周围神经纤维形态学变异，这有助于对以整个髓鞘结间部为基础的正常变异进行结构分析，与传统的神经纤维剥开法相比，该技术大大地提高了分辨率。

激光扫描共聚焦显微镜作为一项全新的实验手段和强有力的研究工具，为我们解决一些以往研究工作中不能解决的技术难题创造了条件，因而必将得到更为广泛的应用。随着新软件的不断开发及各个学科的不断发展和相互渗透，相信它还将会有更广阔的发展前景。

讲解——"骨龄"如何测定，有何重要性？

在生长期间，长骨两端附近的软骨层会逐渐变薄，最终消失，骨头也就停止生长。借助 X 射线检查可测定生长板的厚度，从而确定骨龄。

虽然每个儿童的骨头生长速度不同，但是一般来说，骨龄同年龄是相应的。如果骨龄与年龄之间出现较大的差异，可能是内分泌失调造成的。

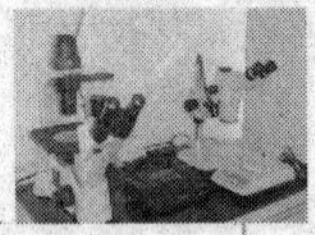

小小“农业专家”
——在农林方面的应用

显微镜的工作范围可真是大呀，不仅在医学、材料科学上有着它的足迹，而且在农林业方面，也能显现它不可忽视的作用呢！它帮助农业学家将眼光投到了植物最深入的奥秘中，丰富了植物学研究的实践。

显微镜在农林业的重要地位

“大地是母亲，孕育着作物的生长”，对于农学家、土壤学家和胶体化学家来说，研究各种黏土是很重要而有趣的。黏土是绿色世界的温床，农林业则又是与植物学息息相关的。研究植物的病虫害、良种栽培、植物的生长规律等又都离不开观察它们的花粉、种子、生长锥、根、茎、叶以及它们的细胞变异和形态差异。以上的这些工作，我们都可以利用扫描电子显微镜来进行，能够取得清晰的图像和丰富的细节形态。

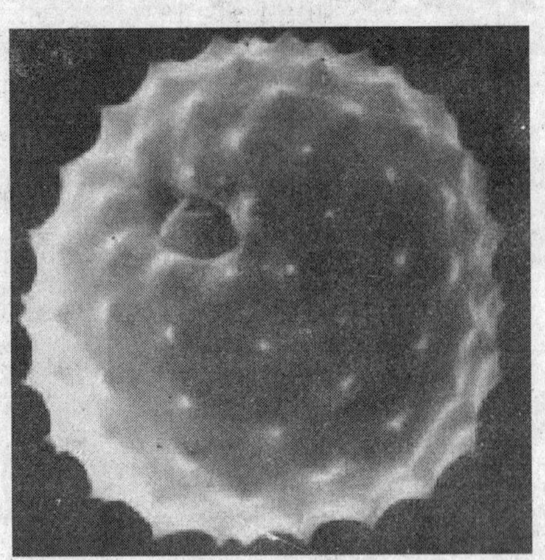

◆显微镜下的花粉

小知识——黏土

黏土是一种含水铝硅酸盐产物，是由地壳中含长石类岩石经过长期风化和地质的作用而生成的，在自然界中分布广泛，种类繁多，藏量丰富，是一种宝贵的天然资源。

黏土具有颗粒细、可塑性强、结合性好、触变性过度、收缩适宜、耐火度高等工艺性能，因而，黏土已成为瓷器制作的基础。

从根茎叶看植物健康状况

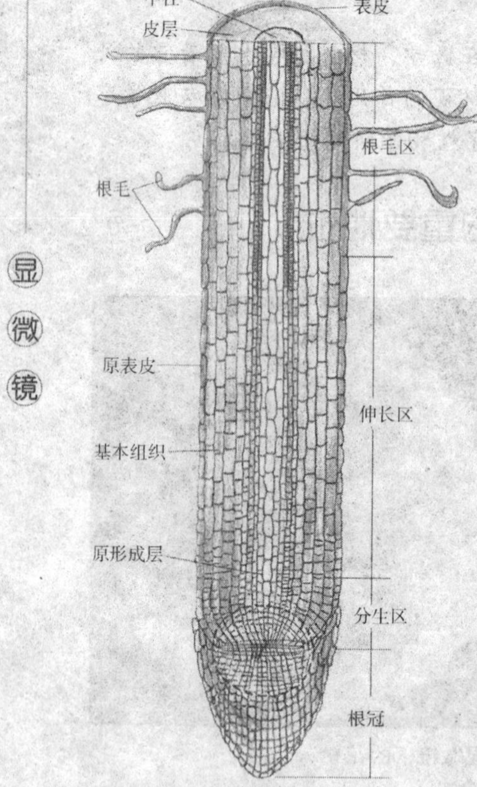

◆植物根尖示意图

根分为根尖结构、初生结构和次生结构三部分。根尖是主根或侧根尖端，是根的最幼嫩、生命活动最旺盛的部分，也是根的生长、延长及吸收水分的主要部分。根尖分成根冠、分生区、伸长区和成熟区。根生长最快的部位是伸长区。伸长区的细胞来自分生区。由根尖顶端分生组织经过细胞分裂、生长和分化形成了根的成熟结构，这种生长过程为初生生长。在初生生长过程中形成的各种成熟组织属初生组织，由它们构成根的结构，就是根的初生结构。若从根尖成熟区作一横切面可观察到根的全部初生结构，从外至内分为表皮、皮层和维管柱三部分。

根是在长期进化过程中适应陆地生活发展起来的器官，它主要有：吸收水分和无机盐、固着和支持、合成、贮藏、输导等功能。

对于一株健康的植物来说，有的植物的根露于空气中，如常春藤的根就是吸着于墙壁上，使它可以在直立的墙壁上攀缘生长；菟丝子在刚生出来的时候是有根的，一旦它们附着在别的植物上，它的茎上就会长出许多吸器——吸根，扎入它所附着的植物体内吸取养分，这样原先的根渐渐失去作用就枯萎而死；甜菜、萝卜和胡萝卜，都是我们常吃的蔬菜，它们的根都属于贮藏根，除了吸收水分和矿物

质外，还有贮藏营养物质——淀粉或糖的作用；长期生长在沼泽或海滩的植物，由于淤泥内的氧气缺乏，它们的根会向上生长，露出地面，在空气中自由呼吸，这种根叫呼吸根；绿叶婆娑的榕树从树干或树枝上生出许多奇特的根，这些根或悬垂于半空或钻入土中，成为一根根支柱，这样不停地蔓延，密密麻麻，远远望去如同一片茂密的森林，这些根就被称为支持根。如常见作物玉米的支持根等。

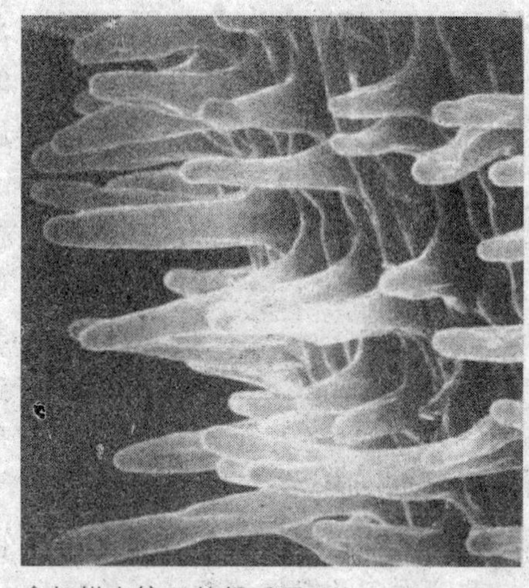

◆扫描电镜下的根毛区

如果发现这些植物的根出现异样，那么就要引起注意了！一些农学家就是利用将异样的根当作标本，放在电镜下进行观察，从而利用得到的图像了解植物的病理，对症下药。

◆兰花的根

茎是维管植物地上部分的骨干，上面着生叶、花和果实。它具有输送营养物质和水分以及支持叶、花和果实在一定空间的作用。维管植物是指具有木质部和韧皮部的植物。有的茎还具有光合作用、贮藏营养物质和繁殖的功能。

茎上着生叶的位置叫节，两节之间的部分叫节间。茎顶端和节上叶腋处都生有芽，当叶子脱落后，节上留有痕迹叫叶痕。这些茎的形态特征可与根相区别。

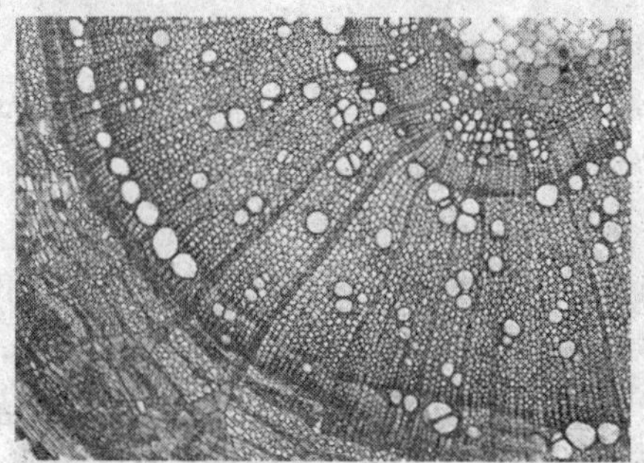

◆显微镜下的茎

大多数种子植物茎的外形为圆柱形，也有少数植物的茎有其他形状，如

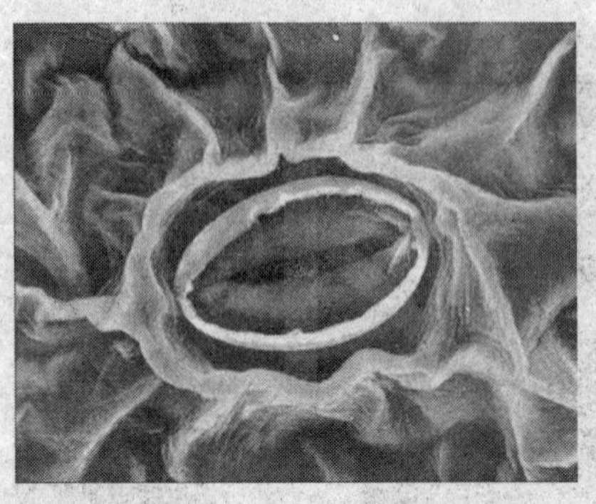
◆气孔显微照片

莎草科植物的茎呈三角柱形，唇形科植物的茎为方柱形，有些仙人掌科植物的茎为扁圆形或多角柱形。在木本植物茎的外形上，还可以看到芽鳞痕，可以看出树苗或枝条每年芽发展时芽鳞脱落的痕迹，从而可以计算出树苗或枝条的年龄。

科学家们借助显微镜可以清楚地看到茎的各个部分的生长状况，及时地发现不同茎之间的形态差异，从而正确地指导农业生产。

叶是维管植物营养器官之一。它的功能是进行光合作用合成有机物，有蒸腾作用并提供根系从外界吸收水和矿质营养的动力。有叶片、叶柄和托叶三部分的称"完全叶"，如缺叶柄或托叶的称"不完全叶"。又有单叶和复叶之分。叶片是叶的主体，多呈片状，有较大的表面积适应接受光照和与外界进行气体交流及水分蒸散。其内部结构分表皮、叶肉和维管束。富含叶绿体的叶肉组织为进行光合作用的场所；表皮起保护作用，并通过气孔从外界取得二氧化碳而向外界放出氧气和水蒸气；叶内分布的维管束称叶脉，保证叶内的物质输导。

生病了的植株的叶子的颜色会变得暗淡，不翠绿；也有一些植株上的叶子干脆就掉落得所剩无几等。有这种情况的时候，应该及时地查明病因，尽快帮助植株恢复健康。

应用前景展望

当然，用显微镜直接指导农业、促进农业的工作还刚开始，其应用前景十分广泛。在植物，包括中草药的鉴别和分类当中，扫描电子显微镜在这方面确实有"一叶知秋"的效能，在扫描电子显微镜下，植物样品有的像灯笼，有的像橄榄、千层酥，有的又像画有美丽图案的碟子。大自然的美丽在微小世界内也同样毫不逊色地展现。扫描电子显微镜上配有 X 射线，用扫描电子显微镜进行扫描分析后，将对样本的电子组织化学和药物作用机制分析工作发挥很大的作用，而且比同位素示踪更加安全和精确。